西葫芦
实用栽培技术

XIHULU SHIYONG ZAIPEI JISHU

武俊新　申　琼　编著

中国科学技术出版社

·北京·

图书在版编目（CIP）数据

西葫芦实用栽培技术 / 武俊新，申琼编著 . —北京：
中国科学技术出版社，2017.1

ISBN 978-7-5046-7401-2

Ⅰ.①西… Ⅱ.①武… ②申… Ⅲ.①西葫芦—蔬菜园艺
Ⅳ.① S642.6

中国版本图书馆 CIP 数据核字（2017）第 000204 号

策划编辑	刘　聪　王绍昱
责任编辑	刘　聪　王绍昱
装帧设计	中文天地
责任校对	刘洪岩
责任印制	马宇晨

出　　版	中国科学技术出版社
发　　行	中国科学技术出版社发行部
地　　址	北京市海淀区中关村南大街16号
邮　　编	100081
发行电话	010-62173865
传　　真	010-62173081
网　　址	http://www.cspbooks.com.cn

开　　本	889mm×1194mm　1/32
字　　数	125千字
印　　张	5.375
版　　次	2017年1月第1版
印　　次	2017年1月第1次印刷
印　　刷	北京盛通印刷股份有限公司
书　　号	ISBN 978-7-5046-7401-2 / S·613
定　　价	16.00元

Contents 目 录

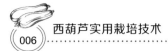

第一章

概　　述

一、国内外西葫芦产业的发展

西葫芦（*Cucurbita pepo L.*），中文名称为美洲南瓜、北瓜等，原产北美洲西南部和墨西哥西北部，是葫芦科南瓜属作物中主要的栽培种之一。西葫芦为一年生矮性、半蔓生、蔓性草本植物，茎五棱，多有刺；叶掌状，浅裂，一部分有白斑；雌雄异花同株，花单生，花冠裂片狭长，雄蕊粗短；果梗基部稍膨大，有纵沟。西葫芦以采收嫩果或成熟果实供食用、观赏，或采收种子加工后食用等。果肉肉质脆嫩，一般白色至淡黄色。种子大小不一，也分有皮种子、薄种皮种子等，大板种子长度可达 20 毫米以上、宽度可达 11 毫米以上，种脐平直或圆钝。西葫芦具有除烦止渴、润肺止咳、清热利尿、消肿散结等功效。

公元前 8500 年，人类发现西葫芦，公元前 4050 年开始栽培，并在世界各地种植。西葫芦种质资源丰富，果形多样，欧美除嫩果食用、籽用外，还种植一定面积的观赏西葫芦，而我国主要以嫩果食用、籽用等为主。食用西葫芦按类型有 8 种分法：南瓜形

（圆形）、棒状、短棒状（一头逐渐变细）、长棒状、蝶形、直颈形、曲颈形和橡树果形等，这些在欧美等国种植较为广泛。而在我国栽种的西葫芦类型，主要是不同类型的棒状西葫芦，极少的碟形和近几年发展较快的南瓜形等。

根据联合国粮食及农业组织 FAOSTAT 数据库显示（2013年），2011 年世界范围内南瓜属（西葫芦、南瓜、笋瓜）加葫芦的收获面积为 177.46 万公顷，总产量达到 2 425.68 万吨。欧洲是西葫芦瓜子的重要市场之一，主要有西班牙、奥地利、罗马尼亚、保加利亚、匈牙利、意大利等，以及法国的太子公司、荷兰的安莎种子集团公司等。2011 年，我国肉用西葫芦栽培面积约 22 万公顷，主要分布在山东、河南、河北、山西、甘肃、辽宁、云南等地。在设施瓜类蔬菜生产中，西葫芦栽培面积仅次于黄瓜，适应性强，消费量大。较为有名的西葫芦设施生产地有：辽宁省锦州市义县、山东省陵县、潍坊市、淄博市、日照市五莲县、聊城市莘县，河北省南和县，陕西省西安市阎良区等。有些产地还被授予各种称号，如山东省日照市五莲县许孟镇被中国农学会命名为"中国西葫芦第一镇"、院西乡为"中国西葫芦第一乡"、淄博于 2013 年获"临淄西葫芦"国家地理标志商标等。较为有名的露地西葫芦产地有：河南省扶沟县，河北省南和县、清苑县，山西省清徐县，晋中榆次区，陕西省西安市阎良区、甘肃省天水市武山县、广西壮族自治区田阳县等。尽管籽用西葫芦种植面积因市场关系时有波动，但总体稳定。较为有名的西葫芦籽用产地有：黑龙江省富锦市、林口县，内蒙古自治区临河市、五原县，甘肃省武威市、庆阳市，新疆维吾尔自治区奇台县等。较为有名的西葫芦制种产地有：山西省忻州市忻府区、甘肃省酒泉市、云南省元谋县等。较为有名的研究单位有北京市农林科学院蔬菜研究中心、山西省农业科学院蔬菜研究所等。较为有名的种子公司有山西太谷县艺农种子有限公司、北京京研益农科技发展中心、河南农大豫艺种业有限公司、山西省晋黎来种业有限公司、甘肃武威金苹果公司等。较为有名的籽用炒货企业有：洽洽食品股份有限公司等。我国有 3 个西葫芦质量检测中心，一个是北京的农业部蔬菜品质监督检验测试中心，另外两个在广州和重庆。2013 年，西葫芦的农业部公益性行业（农业）科研专项《南瓜产业技术研究与示范》（201303112）的启动，表明国家层面对西葫芦产业的关注已提高。目前为止，一些成型的西葫芦集成技术示范已推广到西葫芦的主产区，如山东、山西、甘肃、河北等地，为当地西葫芦的高效安全生产提供了助力。

设施栽培逐步形成了早春大、中、小拱棚西葫芦生产模式，秋延后大棚或温室西葫芦生产模式，越冬温室、冬春温室西葫芦生产的生产模式。越冬茬（一般 10 月至翌年 5 月），冬春茬（12 月至翌年 5 月），温室和大、中、小拱棚春提早茬（2～6月），温室、大棚秋延迟茬（8～12 月）都产生了较好的经济效益。其中，越冬温室每 667 米^{2}销售一般在 3 万元左右，秋延后大棚或温室西葫芦生产每 667 米^{2}销售一般在 1 万～1.5 万元，近两年早春中、小拱棚西葫芦生产每 667 米^{2}销售最高能达到 1.5 万元以上。效益的提高带动了菜农的积极性，其中增速较快的早春拱棚西葫芦生产已成为设施西葫芦发展的重要组成。

二、西葫芦优质高效栽培的重要性

西葫芦生产生长期最适宜温度为 20℃～25℃，30℃以上生长缓慢并极易发生疾病，15℃以下生长缓慢，8℃以下停止生长。光周期方面属短日照植物，光照强度要求适中，喜湿润，不耐干旱，高温干旱条件下易发生病毒病，但高温高湿也易造成白粉

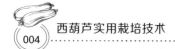

病，土层深厚的壤土易获高产。

西葫芦品种、相关的砧木品种较为混乱。目前，市场上西葫芦品种、相关的砧木品种有数百个，许多品种特征特性介绍较为笼统，同种异名，品种的稳定性一般，加大了选择难度。种植户对品种选择的误区，盲目跟风较严重，试种及小面积的试验机制还没健全，增加了因品种选择失误而导致的生产损失。亟待加强设施西葫芦专用品种的选择力度，扩大引种空间和范围，挖掘增产增收潜力。

西葫芦栽培中，设施内外的环境条件亟待保证。节能降本、标准化生产存在巨大偏差，生产新技术推广普及相对滞缓。农药、生长调节剂的无序施用限制了设施西葫芦生产的健康发展。种植户对农药等造成的农残超标认识不足。用药种类、用药时期、用药浓度、安全间隔期等影响农药残留含量的因素的认识需要提高。为了追求更高产量，化肥超量使用现象随处可见。亟待在设施西葫芦棚室建设中更加注重大棚的实用性、合理性。亟待加强设施西葫芦高产高效栽培模式实施力度，提高西葫芦生产潜能和栽培环境的调控能力，以及对水、肥、能源的利用效率，提高以商品质量为核心的产前、产中、产后配套技术等。

西葫芦栽培中，连作障碍现象较为严重，西葫芦根腐病等成为常见病害，严重影响了越冬等设施西葫芦的效益。亟待综合防治设施西葫芦中的病虫害，充分利用栽培管理与环境调控措施阻止病虫害的发生，大力发展系列害虫天敌与生物制剂等。

亟待加大优势产区的投资力度，促进其生产与销售专业合作社的发展。从只关注西葫芦高产，到强调西葫芦产品质量、保护环境和改善劳动条件等，提质增效，使西葫芦产品做到优质优价。

秋季西葫芦露地生产，病虫害防治方面存在重治轻防的问题，若以化学防治为主，则获得了产品，但忽视了产品的安全性。

生产服务体系的不健全时常造成产品卖难和压级压价的现象。亟待加强市场信息服务体系建设，推广经营网络等建设，按需种植，促进产销衔接。

存在着撬抢西葫芦育繁基地、城镇占用土地较快、制种隔离保护不足、制种户制种水平不一、投入不强等问题，种子质量控制难度增大，极大地挤压了西葫芦育繁发展的空间，影响及制约了西葫芦种子的质量安全及供种数量。亟待按照供种数量安全、种子质量安全、品种种植安全等目标，围绕标准化技术的规范，培育新型西葫芦制种户。亟待提升粮—菜、菜—菜等种子繁育种植模式在西葫芦良繁中的水平，确保西葫芦种子质量。

西葫芦产品贮藏、加工的关键技术远远赶不上生产的发展。

三、西葫芦优质高效栽培标准

（一）农药分类

农药从防治对象分为：杀虫剂，杀螨剂、杀菌剂。

1.杀虫剂　按化学成分来源及发展过程分为两大类：无机杀虫剂和有机杀虫剂。有机杀虫剂包括天然有机杀虫剂和人工合成杀虫剂。按杀虫剂的作用方式可分为10类：①胃毒剂。药剂通过昆虫取食而进入对其消化系统进行作用。②触杀剂。药剂接触害虫后，通过昆虫的体壁或气门进入其体内，使之中毒死亡。③内吸剂。指由植物根、茎、叶等部位吸收、传导到植株各部位，或由种子吸收后传导到幼苗，并能在植物体内贮存一定时间而不妨碍植物生长，且被吸收传导到各部位的药量。④熏蒸剂。药物施用后会呈气态或气溶胶的生物活性成分，经昆虫气门进入体内引起中毒的杀虫剂。⑤拒食剂。药剂能够影响害虫的正常生理功能，消除其食欲，使害虫饥饿而死。⑥性诱剂。药剂本身无毒或毒效很低，但可以将害虫引诱到一处，便于集中消灭。⑦驱避剂。药剂本身无毒或毒效很低，但由于具有特殊气味或颜色，可以使害虫逃避而不来危害。⑧不育剂。药剂使用后可直接干扰或破坏害虫的生殖系统而使害虫不能正常生育。⑨昆虫生长调节剂。药剂可阻碍害虫的正常生理功能，扰乱其正常的生长发育，形成没有生命力或不能繁殖的畸形个体。⑩增效剂。这类化合物本身无毒或毒效很低，但与其他杀虫剂混合后能提高防治效果。

2. 杀螨剂 主要用来防治危害植物的螨类的药剂。杀螨剂根据其化学成分，可分为三大类：有机氯杀螨剂、有机磷杀螨剂和有机锡杀螨剂。

3. 杀菌剂 对植物体内的真菌、细菌或病毒等具有杀灭或抑制作用，用以预防或防治作物的各种病害的药剂。

（二）农药残留

农药的内吸性、挥发性、水溶性、吸附性直接影响其在植物、大气、水、土壤等周围环境中的残留。温度、光照、降雨量、土壤酸碱度及有机质含量、植被情况、微生物等环境因素也在不同程度上影响着农药的降解速度、农药的残留。残留性农药在植物、土壤和水体中的残存形式有两种：一种是保持原来的化学结构；另一种以其化学转化产物或生物降解产物的形式残存。农药被吸收后，在植物体内分布量的顺序是：根＞茎＞叶＞果实。

最大残留限量（MRLs）指在生产或保护商品过程中，按照农药使用的良好农业规范（GAP）使用农药后，允许农药在各种食品中或其表面残留的最大浓度。再残留限量（EMRLs）是指一些残留持久性农药虽已禁用，但已对环境造成的污染，从而再次在食品中形成残留。

（三）农药最大残留限量

为保障食品安全，我国于1993年7月份通过了《中华人民共和国农业法》，1995年10月份通过了《中华人民共和国食品卫生法》，1997年5月通过了《中华人民共和国农药管理条例》，2006年4月颁布了《中华人民共和国农产品质量安全法》。

2014年农业部与国家卫生计生委联合发布食品安全强制性国家标准《食品中农药最大残留限量》（GB 2763—2014）。新增1 357项农药最大残留限量指标，共3 650项。新标准基本与国际标准接轨。在新发布的标准中，国际食品法典委员会已制定限量标准的有1 999项。其中，1 811项国家标准等同于或严于国际食品法典标准，占国际标准的90.6%。在标准制定过程中，所有限量标准都向世界贸易组织（WTO）各成员国进行了通报，接受了各成员国的评议，并对所提意见给出了科学的解释。"该标准的颁布实施，标志着我国食品中农药残留国家标准体系建设取得重大进展，对生产有标可依、产品有标可检、执法有标可判，严格监管乱用、滥用农药，保证'产'出安全食品和'管'出安全食品具有重要意义。同时，对转变农业生产方式，推进绿色生产，提高农产品国际竞争力，促进农业可持续发展产生积极影响"。

1. 中国已制定了其中有关西葫芦上的农药残留最高限量标准如下：

（1）百菌清≤5毫克/千克；杀菌剂

（2）噁唑菌酮≤0.2毫克/千克；杀菌剂

（3）阿维菌素≤0.01*毫克/千克；杀虫剂

（4）敌螨普≤0.07*毫克/千克；杀菌剂

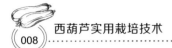
（5）多菌灵≤ 0.5 毫克 / 千克；杀菌剂

（6）氯菊酯≤ 0.5 毫克 / 千克；杀菌剂

（7）嘧菌环胺≤ 0.2 毫克 / 千克；杀菌剂

（8）二嗪磷≤ 0.05 毫克 / 千克；杀虫剂

（9）环酰菌胺≤ 1 毫克 / 千克；杀菌剂

（10）甲霜灵和精甲霜灵≤ 0.2 毫克 / 千克；杀菌剂

（11）腈苯唑≤ 0.05 毫克 / 千克；杀菌剂

（12）氰戊菊酯和 S－氰戊菊酯≤ 0.2 毫克 / 千克；杀虫剂

（13）戊唑醇≤ 0.2 毫克 / 千克；杀菌剂

2. 中国已制定了其中有关瓜类上的农药残留最高限量标准如下：

（1）甲胺磷≤ 0.05 毫克 / 千克；杀虫剂

（2）甲拌磷≤ 0.05 毫克 / 千克；杀虫剂

（3）甲基对硫磷≤ 0.02 毫克 / 千克；杀虫剂

（4）甲基硫环磷≤ 0.03* 毫克 / 千克；杀虫剂

（5）甲基异柳磷≤ 0.01* 毫克 / 千克；杀虫剂

（6）甲萘威≤ 1 毫克 / 千克；杀虫剂

（7）久效磷≤ 0.03 毫克 / 千克；杀虫剂

（8）抗蚜威≤ 0.02 毫克 / 千克；杀虫剂

（9）克百威≤ 0.02 毫克 / 千克；杀虫剂

（10）磷胺≤ 0.05 毫克 / 千克；杀虫剂

（11）硫环磷≤ 0.03* 毫克 / 千克；杀虫剂

（12）螺虫乙酯≤ 0.2* 毫克 / 千克；杀虫剂

（13）百草枯≤ 0.05 毫克 / 千克；除草剂

（14）倍硫磷≤ 0.05 毫克 / 千克；杀虫剂

（15）敌百虫≤ 0.2 毫克 / 千克；杀虫剂

（16）敌敌畏≤ 0.2 毫克 / 千克；杀虫剂

（17）对硫磷≤ 0.01 毫克 / 千克；杀虫剂

（18）氯氟氰菊酯和高效氯氟氰菊酯 ≤ 0.05 毫克 / 千克；杀虫剂

（19）氯化苯甲酰胺 ≤ 0.3* 毫克 / 千克；杀虫剂

（20）氯氰菊酯和高效氯氰菊酯 ≤ 0.07 毫克 / 千克；黄瓜除外的杀虫剂

（21）氯唑磷 ≤ 0.01* 毫克 / 千克；杀虫剂

（22）内吸磷 ≤ 0.02 毫克 / 千克；杀虫 / 杀螨剂

（23）嗪氨灵 ≤ 0.5 毫克 / 千克；杀菌剂

（24）三唑酮 ≤ 0.2 毫克 / 千克；杀菌剂

（25）杀虫脒 ≤ 0.01* 毫克 / 千克；杀虫剂

（26）杀螟硫磷 0.5* 毫克 / 千克；杀虫剂

（27）霜霉威和霜霉威盐酸盐 ≤ 5 毫克 / 千克；杀菌剂

（28）特丁硫磷 ≤ 0.01 毫克 / 千克；杀虫剂

（29）辛硫磷 ≤ 0.05 毫克 / 千克；杀虫剂

（30）溴螨酯 ≤ 0.05 毫克 / 千克；杀螨剂

（31）氯丹 ≤ 0.02 毫克 / 千克；杀虫剂

（32）氧乐果 ≤ 0.02 毫克 / 千克；杀虫剂

（33）乙酰甲胺磷 ≤ 1 毫克 / 千克；杀虫剂

（34）蝇毒磷 ≤ 0.05 毫克 / 千克；杀虫剂

（35）增效醚 ≤ 1 毫克 / 千克；增效剂

（36）治螟磷 ≤ 0.01 毫克 / 千克；杀虫剂

（37）艾氏剂 ≤ 0.05 毫克 / 千克；杀虫剂

（38）滴滴涕 ≤ 0.05 毫克 / 千克；杀虫剂

（39）狄氏剂 ≤ 0.05 毫克 / 千克；杀虫剂

（40）毒杀芬 ≤ 0.05* 毫克 / 千克；杀虫剂

（41）六六六 ≤ 0.05 毫克 / 千克；杀虫剂

（42）灭乙灵 ≤ 0.01 毫克 / 千克；杀虫剂

（43）七氯 ≤ 0.02 毫克 / 千克；杀虫剂

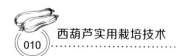

（44）异狄氏剂≤0.05毫克/千克；杀虫剂

（四）绿色西葫芦食品标准

1990年5月，我国农业部正式规定了绿色食品的名称、标准及标志。绿色食品指的是产自优良环境，按照规定的技术规范生产，实行全程质量控制，产品安全、优质，并使用专用标志的食用农产品及加工品。食品标志为绿色正圆形图案，上方为太阳，下方为叶片与蓓蕾，标志的寓意为保护。绿色食品分为两个技术等级，即AA级绿色食品标准和A级绿色食品标准。AA级绿色食品生产过程中不得使用任何人工合成的化学物质，且产品需要3年的过渡期；A级绿色食品在生产过程中，允许限量、限品种、限时间使用安全的人工合成农药、兽药、鱼药、肥料、饲料及食品添加剂。绿色食品是市场行为，标准较严。

2012年10月1日实施新的《绿色食品标志管理办法》。中国绿色食品发展中心负责全国绿色食品标志使用申请的审查、颁证和颁证后跟踪检查工作。省级人民政府农业行政主管部门所属绿色食品工作机构负责本行政区域绿色食品标志使用申请的受理、初审和颁证后的跟踪检查工作。绿色食品标志是一个质量证明商标，属知识产权范畴，受《中华人民共和国商标法》保护。如2009年中国绿色食品发展中心认证了山东省陵县绿色食品西葫芦为绿色食品。

1. NY/T 747-2012《绿色食品　瓜类蔬菜》标准　由农业部农产品质量安全监督局提出，由中国绿色食品发展中心归口。本标准规定了绿色食品瓜类蔬菜的技术要求、检验规则、标志和标签、包装、运输和贮存，适用于绿色食品西葫芦。绿色食品应符合相关食品安全国家标准及相关规定，同时符合表1-1中的规定。

表 1-1 绿色食品瓜类蔬菜农药残留限量

单位：毫克／千克

序 号	项 目	限 量	检测方法
1	百菌清	≤ 1	NY/T 761
2	溴氰菊酯	≤ 0.1	GB/T 5009.110
3	氯氰菊酯	≤ 0.2	NY/T 761
4	三唑酮	≤ 0.1	NY/T 761
5	多菌灵	≤ 0.1	NY/T 1680
6	灭蝇胺	≤ 0.2	NY/T 1725
7	异菌脲	≤ 1	NY/T 761
8	甲霜灵	≤ 0.2	NY/T 19648
9	腐霉利	≤ 2	NY/T 761
10	乙烯菌核利	≤ 1	NY/T 761
11	乙酰甲胺磷	≤ 0.1	NY/T 761
12	抗蚜威	≤ 0.5	NY/T 5009.104
13	毒死蜱	≤ 0.1	NY/T 761
14	三唑磷	≤ 0.1	NY/T 761
15	吡虫啉	≤ 0.5	NY/T 1275

注：各检测项目除采用表中检测方法外，如有其他国家标准、行业标准以及部文公告的检测方法，且其检出项和定量项满足限量值要求时，在检测时可采用。

依据食品安全国家标准绿色食品瓜类蔬菜产品认证检验项目如表 1-2 所示。如食品安全国家标准及相关国家规定中上述项目和指标有调整，且严于本标准规定，按最新国家标准及规定执行。

表1-2 绿色食品瓜类蔬菜产品认证检验必检项目

单位：毫克/千克

序 号	检验项目	限 量	检测方法
1	铅	≤ 0.1	GB 5009.12
2	镉	≤ 0.05	GB/T 5009.15
3	乐果	≤ 0.5	NY/T 761
4	氯氟氰菊酯	≤ 0.2	NY/T 761
5	氰戊菊酯	≤ 0.2	NY/T 761

注：各检测项目除采用表中检测方法外，如有其他国家标准、行业标准以及部文公告的检测方法，且其检出项和定量项满足限量值要求时，在检测时可采用。

2. NY/T 902—2015《绿色食品瓜籽》标准 瓜籽产地环境应符合 NY/T 391 的规定。生产过程中农药和肥料的使用应分别符合 NY/T 393 和 NY/T 394 的规定，加工过程应符合 GB 14881 的规定。

依据食品安全国家标准绿色食品瓜籽（仁）产品申报检验项目如表1-3所示。规定了除标准中4.3～4.6所列项目外，按食品安全国家标准和绿色食品生产实际情况，绿色食品瓜籽（籽仁）产品申报检验中还应检验的项目。

表1-3 绿色食品瓜籽（仁）产品申报检验必检项目

检验项目	指 标				检测方法
	葵花籽（仁）	南瓜籽（仁）	西瓜籽（仁）	瓜蒌籽	
铅（以 Pb 计），毫克/千克	≤ 0.2				GB 5009.12
多菌灵，毫克/千克	—	—	≤ 0.5	—	GB/T 20770
甲霜灵，毫克/千克	≤ 0.05	—	≤ 0.2	—	
黄曲霉毒素 B_1，微克/千克	≤ 5.0				GB/T 18979

（五）有机西葫芦食品标准

有机农业也叫生态或生物食品等。有机食品是国际上对无污染天然食品比较统一的提法。根据国际有机农业生产要求和相应的标准生产加工，通过独立的有机食品认证机构认证。生产基地在3年内未使用过农药、化肥等违禁物质，在生产中不采用基因工程获得的生物及其产物，不使用化学合成的农药、化肥、生长调节剂、饲料添加剂等物质，遵循自然规律和生态学原理，协调种植业和养殖业的平衡，在收获、清洁、干燥、贮存和运输过程中未受化学物质的污染，从常规种植向有机种植转换需2年以上转换期，新垦荒地例外，以维持持续稳定的农业生产体系的，生产全过程有完整的记录档案的一种农业生产方式。有机食品无级别之分，在生产过程中不允许使用任何人工合成的化学物质，且需要3年的过渡期，过渡期的产品为"转化期"产品。

中国有机产品标志释义"中国有机产品标志"的主要图案由三部分组成，既外围的圆形、中间的种子图形及其周围的环形线条。获证产品的认证委托人应当在获证产品或者产品的最小销售包装上，加注中国有机产品认证标志、有机码和认证机构名称。获证产品标签、说明书及广告宣传等材料上可以印制中国有机产品认证标志，并可以按照比例放大或者缩小，但不得变形、变色。

2013年4月国家质量监督检验检疫总局局务会议审议通过《有机产品认证管理办法》，自2014年4月1日起施行。国家认证认可监督管理委员会（以下简称国家认监委）负责全国有机产品认证的统一管理、监督和综合协调工作。地方各级质量技术监督部门和各地出入境检验检疫机构（以下统称地方认证监管部门）按照职责分工，依法负责所辖区域内有机产品认证活动的监督检查和行政执法工作。

选择适应当地的土壤和气候条件、抗病虫的植物种类及品种。选择有机种子或植物繁殖材料。不应使用经禁用物质和方法处理过的种子和植物繁殖材料。病虫草害防治的基本原则应从农业生态系统出发，综合运用各种防治措施，创造不利于病虫草害孳生和有利于各类天敌繁衍的环境条件，保持农业生态系统的平衡和生物多样化，减少各类病虫草害所造成的损失。应优先采用农业措施，通过选用抗病、抗虫品种，非化学药剂处理种子、培育壮苗，加强栽培管理，如中耕除草、耕翻晒垡、清洁田园、轮作倒茬、间作套种等一系列措施防治病虫草害。还应尽量利用灯光、色彩诱杀害虫、机械捕捉害虫、机械或人工除草等措施，防治病虫草害。

第二章
西葫芦栽培要求

一、影响西葫芦高效栽培的主要环境因子

西葫芦的污染主要来自工业的"三废"、城市的垃圾、医药、生物制品、化学试剂、农药、石化、焦化和有机化工等行业的废水（包括处理后的废水）、未经过无害化处理的有机物、片面施用氮素化肥、农药，以及在运销过程中污染蔬菜的有害或有毒物质，这些物质都会直接或间接地对西葫芦植株等产生污染。

（一）空气污染

随着工业的发展，废气排放量的增加，大气污染物，尤其是二氧化硫、氟化物等会对西葫芦产生危害。当空气污染物浓度不高时，会对植物产生慢性危害，叶片褪绿或者生理机能受到影响，影响产品商品性。当空气污染物浓度很高时，会对植物产生急性危害，叶表面产生伤斑或者直接使叶枯萎脱落。

（二）水质污染和土壤污染

由工厂生活区排放的废水及生活污染，如酚类化合物、氰化物、苯、致病微生物等造成的西葫芦生产中的水质污染。由重金属及大肠杆菌、致病菌、寄生虫卵等致病微生物造成的西葫芦生产种植地的污染。而有害的金属和非金属污染物，铬、镉、铅、汞、砷、氟等金属和非金属物，对人体有较大危害。如金属铬，是一种有毒有害物质，是致癌物。另外，造成水质污染和土壤污染的还有农药等残留污染。这主要是杀虫剂造成的污染，所以要合理使用有机磷类和氨基甲酸酯类农药。

（三）过量施用土壤肥料造成的污染

过量施肥会造成土壤重金属和有毒元素增加，土壤结构遭到破坏。片面地过量地施用氮肥等，会造成土壤酸化，以及大气与水域污染。

二、西葫芦栽培基地的选择

（一）西葫芦生物学特性及对环境的要求

1. 西葫芦的生物学特性

（1）根　有较为强大的根系，主根在不受损害的情况下可深入土中2米左右。移栽中的主根受损害后，一般主要根群分布在30～60厘米的土层中。西葫芦根群发达，可较好地吸收养分和水分，使其具有较强的抗干旱、耐瘠薄的能力。然而植株在生产过程中，当缺苗断垄时，在无护根情况下挖苗补栽，主根被切断后，常常表现为较弱的根系再生能力。选择育苗移栽方式时，应使用营养钵、营养盘或纸袋育苗，这样可以保护根系，获得壮苗，壮苗定植移栽后，能使其根系少受损伤，若再给根系提供良好的生长环境和营养水分供给，则可促进根系健康生长。

（2）茎　茎五棱、多刺，颜色分为深绿色、淡绿色等，主蔓优势明显。根据茎生长长度，也可将其分为矮生、半蔓生和蔓生三种类型。蔓生类型可无限生长，在选择生长季节设施栽培的，主要选择蔓生类型的品种。但在生产中，要通过室内温度等调控或喷洒植物生长调节剂平衡营养生长和生殖生长，以使植株不徒长。早春中、小拱棚生产，多选择半蔓生品种。主蔓的叶腋处易生侧枝，容易消耗养分，在生产时应早期摘除。

（3）叶　分为子叶和真叶。子叶是西葫芦幼苗时期进行同化作用的器官，对西葫芦的早期生长有很大作用。在幼苗期，要为植株提供良好的生长环境保护子叶，使其免受病虫等影响，延长其存活期。西葫芦的叶片（真叶）为掌状深裂、浅裂等，叶面颜色有绿色，或叶脉处带白斑，或叶面白斑较多等。叶柄长而中空。叶多刺，但为了更好地采收，少刺叶的品种已应用于生产。在栽培密度大或肥水供应过量的情况下，叶柄极易伸长。在农事操作过程中，在不同时期都要对叶进行保护或去叶，以提高叶对整个植株的利用效率。

（4）花　雌雄同株异花，花单生，虫媒异花授粉。雌、雄花最初均从叶腋处的花原基开始分化。雌花为下花位，雄蕊退化，有一环状蜜腺，蜜腺在雌花开放时分泌花蜜，味甜。雄花为钟形花冠，花粉有黏性。雌、雄花的寿命短，雌花在开花当天上午10时以前接受花粉授精能力最强。在气候不良时，需进行人工辅助授粉或用植物生长调节剂蘸花和喷瓜处理，以提高坐果率。胚珠数量的多少与各个不同的品种有关联，一般为3个子室，4室的较少。

雌花着生节位，因品种而异，一般矮生品种4～5节着生雌花，蔓生品种7～8节着生雌花。但西葫芦雌雄花的形成受植株自身的遗传因素与外界的环境条件的影响，具有可塑性。花芽分化的前期不分性别，而当萼片、花瓣分化以后，雄蕊可顺利地分化，发育为一朵雄花；相反，如雄蕊分化中止，雌蕊顺利地分化，则发育成为 1 朵雌花。在各种复杂的外因影响下，不是雄花占优势，就是雌花占优势，哪种花占优势就形成哪种花。

试验证明，一天中若有 8 小时为 15℃～20℃的相对低温，则适合雌花的形成，而一天中有长达 16 小时的 30℃高温时，则能促进雄花的形成。低温、短日照有利于雌花的提早出现，雌花的花形发育得早，使雌花增加，节位降低。土壤营养好且空气湿度高时，可以增加雌花的数量。一般在高温和长日照条件下，西葫芦雄花出现得早而多。日光温室栽培环境的大部分时间处于低温、高湿环境下，雌花出现的很多，雄花出现的较少。温室内昼夜温差加大，雄花数量逐渐减少。但也应该注意，不过分强调低温，以免使得植株生长缓慢，不仅起不到调节作用，还可能朝相反的方向发展。此外，在西葫芦幼苗长到 3～4 片真叶时，结合栽培条件，连喷几次乙烯利也可起到增加雌花的作用。但在操作中，用药浓度和使用部位一定要按照使用说明操作，进行叶面喷洒。

（5）**果实**　由花托和子房发育而成。果实生长的同时种子也在发育。种子需要吸收和积累大量的营养物质。所以，在此时要平衡营养生长与生殖生长。采收嫩瓜的，采收要平衡；采收老瓜的，植株生长要持续；采收种子的，除保护瓜秧外，注意勿烂瓜。西葫芦果实的形状、大小、果皮颜色、果肉颜色丰富多彩，遗传多样性强。

（6）**种子**　由种皮、胚乳（有膜状残留）、子叶和胚组成。种子扁平，白或浅黄色，周缘与种皮同色，珠柄痕平或圆。种子大小不一，一般生产嫩瓜的西葫芦种子千粒重 180 克左右。一般种子贮藏条件下寿命 5 年。种子一般分有皮、薄种皮等，质量指标同其他蔬菜，用纯度、饱满度、发芽率鉴别。

2.西葫芦的生育周期

（1）**发芽期**　从种子萌动到第一片真叶显露（破心）。此期主要靠种子的贮藏营养使幼苗出土。时期长短主要受浸种催芽后芽的伸长长度、设施中的温度高低、种子新旧程度、覆盖土的厚薄等影响，一般需要5天以上。

（2）**幼苗期**　从第一片真叶显露到植株展开3～4片真叶时为幼苗期。幼苗时期长短依品种、茬口等不同，一般需要10～20天。不同茬口在育苗过程中，主要以培育健壮幼苗为关键。

（3）**初花期**　从展开3～4片真叶到第一朵雌花（根瓜）坐瓜为初花期。时期长短依品种、外界条件不同，一般需要20天以上。要平衡好营养生长与生殖生长，就要在初花期的田间管理中缓好苗，蹲好苗，防徒长。

（4）**结果期**　从第一瓜坐瓜，经过连续开花结果，到植株衰老拉秧为止。时期长短依种植方式、茬口、品种等不同，一般在1～5个月。

3.西葫芦对环境的要求

（1）**温度**　西葫芦在喜温的瓜类蔬菜中是比较耐寒的，根系伸长的最低温度为6℃，植株能在8℃以上生长。

种子发芽的适宜温度为25℃左右；生长发育适温为18℃～25℃；开花结果适温为22℃～25℃。在32℃以上高温条件下，花器官不能正常发育。0℃以下，植株受冻较重或致死。根系生长的最适温度为25℃～28℃。在嫁接育苗管理中，可用以下温度来进行苗期的温度调节。播种至出土：白天适宜温度为25℃～30℃，夜间适宜温度为18℃～20℃，最低温度为15℃；出土至分苗：白天适宜温度为20℃～25℃，夜间适宜温度为13℃～14℃，最低温度为12℃；分苗后至缓苗：白天适宜温度为 28℃～30℃，夜间适宜温度为 16℃～18℃，最低温度为 13℃；缓苗后至炼苗：白天适宜温度为 18℃～25℃，夜间适宜温度为 10℃～12℃，最低温度为 10℃；定植前 5～7 天：白天适宜温度为 15℃～25℃，夜间适宜温度为 6℃～8℃，最低温度为 6℃。适温管理在西葫芦栽培中起到重要作用，长期高温易产生病毒病。

（2）**光照** 西葫芦属短日照作物，喜强光又较耐弱光，对光照强度具有较强的适应性。一般西葫芦光饱和点为 4.5 万勒克斯，光补偿点为 1 500 勒克斯，在开花坐果期和果实膨大期要求较充足的光照。光照过强和过弱均会导致植株生育障碍。在栽培中要与温度、光照、水分和肥料等适宜的条件配合管理，通过合理密植、吊蔓栽培、温室后墙张挂反光膜、吊灯补光等方法合理利用光照，确保植株的正常生长和发育。低温、短日照条件有利于雌花的形成。

（3）**水分** 西葫芦有较为强大的根系，使其具有较强的抗干旱、耐瘠薄的能力。但西葫芦叶片较大，育苗移栽，根系入土较直播浅，对水分要求比较高。尤其在春秋设施栽培种中，外界高温时，应常观察室内植株和叶子生长状况，如缺水要及时浇灌。种植中的土壤相对含水量以 70%～80% 为宜。控促结合，以利结果及果实的生长与膨大。

（4）**土壤和营养** 西葫芦对土壤要求不严格，在黏土、壤土、沙壤土等土质中均可栽培，但最好应选择土层深厚、质地疏松肥沃、保水、保肥、稳温性能好的土壤。西葫芦喜微酸性土壤，pH 为 5.5～6.8 适宜，对肥料三要素的需要，以氮、钾为主，磷次之。每生产 1 000 千克果实需吸收纯氮 3.9～5.5 千克、磷 2.1～2.3 千克、钾 4～7.3 千克，吸收比例约为 1：0.5：1.2。西葫芦大致的需肥特点是，前期促进茎叶生长，扩大同化面积，吸收氮肥较多；中期对磷、钾的吸收量逐渐增大；结果期对氮、磷、钾的吸收量达到最高。

（二）西葫芦生产基地的优选

1. 西葫芦在全国蔬菜产业发展中的规划 经国务院同意，国家发展改革委、农业部会同有关部门制定了《全国蔬菜产业发展规划（2011—2020年）》，通过优势区域生产布局，综合考虑地理气候、区位优势等因素，将全国蔬菜产区分为六大优势区域：华南与西南热区冬春蔬菜、长江流域冬春蔬菜、黄土高原夏秋蔬菜、云贵高原夏秋蔬菜、北部高纬度夏秋蔬菜、黄淮海与环渤海设施蔬菜；重点建设580个蔬菜产业重点县（市、区），以提高全国蔬菜均衡供应能力。其中，黄土高原夏秋蔬菜优势区域，包括7个省（自治区），分布在陕西、甘肃、宁夏、青海、西藏、山西及河北北部地区，共有54个蔬菜产业重点县（市、区），依据其昼夜温差大、夏季凉爽、7月份平均气温≤25℃、无需遮阳降温设施等特点，集中发展在7～9月份上市的蔬菜，主要的蔬菜产品中有瓜类蔬菜等。黄淮海与环渤海设施蔬菜优势区域，包括8个省（直辖市），分布在辽宁、北京、天津、河北、山东、河南及安徽中北部、江苏北部地区，共有204个蔬菜产业重点县（市、区）。依据其冬春光热资源相对丰富、距大城市近等特点，可适宜发展设施蔬菜生产，主要蔬菜产品中也有西葫芦等。按照地域优势明显、生产规模大且在冬春（12月份至翌年2月份）、夏秋（7～9月份）淡季蔬菜外销量较大、统筹兼顾特殊地区的原则，对蔬菜产业重点县进行筛选。露地蔬菜产业重点县是以解决全国冬春、夏秋两个淡季蔬菜供应为核心，在广东、广西、福建、海南、云南、贵州、四川、重庆、湖北、湖南、江西、浙江、上海、山西、陕西、甘肃、宁夏、青海、西藏、新疆、内蒙古、吉林、黑龙江等23个省（自治区、直辖市），及江苏中南部、安徽南部、河北北部冬春季或夏秋季露地蔬菜生产优势明显的区域筛选重点县。筛选条件为：播种面积≥6 667公顷、外销量≥10万吨、人均占有量≥350千克，选定368个县。设施蔬菜产业重点县是以解决冬春淡季蔬菜供应为主，在全国范围内筛选设施蔬菜产业重点县。筛选条件为：日光温室与大、中棚面积≥2 000公顷、外销量≥15万吨、人均占有量≥350千克，选定204个县。

以上全国蔬菜产业发展规划的指导思想是不断提高蔬菜生产经营专业化、规模化、标准化、集约化和信息化水平，努力构建生产稳定发展、产销衔接顺畅、质量安全可靠、市场波动可控的现代蔬菜产业体系，更好地满足城乡居民生活水平日益提高的需要。西葫芦生产作为蔬菜生产中的一种，要懂得在其优势区域中更好的发展，也要懂得在一些特色区域稳定的发展。在大气、土壤和水质好的地区和区域去种植西葫芦，避免有害金属和非金属等危害。发展规划突出以下几方面发展，按照良种良法相配套的原则，加快栽培技术集成创新步伐，推出一批安全优质、省工节本、增产增效的实用栽培技术，重点研究连作障碍治理技术，制定适合不同生态区、不同栽培方式的技术模式，在菜地土壤次生盐渍化、酸化治理等方面取得重大突破；研究重大病虫害综合防治技术；研究轻简栽培技术，开发土地耕整、精量播种、水肥一体、设施环境调控等设施设备，促进农机、农艺结合，减轻劳动强度，提高劳动效率，全方位增强科技对蔬菜产业发展的支撑能力。

2015年2月，农业部为促进设施蔬菜持续稳定发展制定了《全国设施蔬菜重点区域发展规划》（2015—2020），进行了设施蔬菜生产区域布局，它们是东北温带区、黄淮海与环渤海暖温区、西北温带干旱及青藏高寒区、长江流域亚热带多雨区、华南热带多雨区。具体任务是加强产业集群建设、推进标准化生产等。西葫芦生产也贯穿此五大区域，是值得推广的蔬菜瓜类产品之一。

2. 无公害西葫芦对种植环境的要求　环境应符合标准编号 NY/T 1654-2008《蔬菜安全生产关键控制技术规程》、标准编号 NY/T 5220-2004《无公害食品　西葫芦生产技术规程》等要求。

露地产地应选择在生态条件良好，远离污染源，并具有可持续生产能力的农业生产区域。产地环境空气质量应符合表 2-1 的规定。

表 2-1　环境空气质量要求

项　　目	浓度限值	
	日平均	1 小时平均
总悬浮颗粒物（标准状态）/（毫克/米³）≤	0.30	—
二氧化硫（标准状态）/（毫克/米³）≤	0.15	0.50
氟化物（标准状态）/（微克/米³）≤	7	—

注：日平均指任何 1 日的平均浓度；1 小时平均指任何 1 小时的平均浓度。

产地灌溉水质量应符合表 2-2 的规定。

表 2-2　灌溉水质量要求

项　　目	浓度限值
pH	5.5～8.5
化学需氧量/（毫克/升）≤	150
总汞/（毫克/升）≤	0.001
总镉/（毫克/升）≤	0.01
总砷/（毫克/升）≤	0.05
总铅/（毫克/升）≤	0.10
铬（六价）/（毫克/升）≤	0.10
氰化物/（毫克/升）≤	0.50
石油类/（毫克/升）≤	1.0
粪大肠菌群/（个/升）≤	—

产地土壤环境质量应符合表 2-3 的规定。

表 2-3　土壤环境质量要求

单位：毫克 / 千克

项　目	含量限值		
	pH<6.5	pH6.5～7.5	pH>7.5
镉≤	0.30	0.30	0.60
汞≤	0.30	0.50	1.0
砷≤	40	30	25
铅≤	250	300	350
铬≤	150	200	250

　　注：本表所列含量限值适用于阳离子交换量 >5 厘摩尔 / 千克的土壤，若 ≤ 5 厘摩尔 / 千克，其标准值为表内数值的半数。

　　设施蔬菜产地应选择在生态环境良好，排灌条件有保证，并具有可持续生产能力的农业生产区域。设施的结构与性能应满足蔬菜生产的要求。所选用的建筑材料、构件制品及配套机电设备等不应对环境和蔬菜造成污染。设施蔬菜产地设施内空气质量应符合表 2-4 的规定。

表 2-4　环境空气质量要求

单位：毫克 / 米³

项　目	限　值
二氧化硫（标准状态，1 小时均值）	≤ 0.50
二氧化氮（标准状态，1 小时均值）	≤ 0.24

　　医药、生物制品、化学试剂、农药、石化、焦化和有机化工等行业的废水（包括处理后的废水）不可作为食品设施蔬菜产地的灌溉水。设施蔬菜产地灌溉水质量应符合表 2-5 的规定。

表 2-5 灌溉水质量要求

项 目	限 值
肉眼可见物	无
异臭	无
pH	6～8.5
化学需氧量，毫克／升	≤ 40
总汞，毫克／升	≤ 0.001
总镉，毫克／升	0.01
总砷，毫克／升	≤ 0.05
总铅，毫克／升	0.10
铬（六价），毫克／升	≤ 0.10
石油类，毫克／升	≤ 1.0
挥发酚，毫克／升	≤ 0.1
全盐量，毫克／升	≤ 1 000
每 100 毫升粪大肠菌群，个	≤ 1 000

3. 绿色西葫芦对种植环境的要求 绿色食品产地环境、生产技术、产品质量、包装贮运等标准和规范，由农业部制定并发布。有两个国家标准，一是标准编号 NYT 391—2000，标准名称为《绿色食品 产地环境技术条件》；二是标准编号 NY/T 394—2013，标准名称为《绿色食品 肥料使用准则》，NY/T 393—2013《绿色食品 农药使用准则》。AA 级绿色食品，产地环境质量应符合 NY/T 391 的要求，遵照绿色食品生产标准生产，生产过程遵循自然规律和生态学原理，协调种植业和养殖业的平衡，不使用化学合成的肥料、农药、兽药、渔药、添加剂等物质，产品质量符合绿色食品产品标准，经专门机构许可使用绿色食品标志的产品。A 级绿色食品，产地环境质量应符合 NY/T 391 的要求，遵照绿色食品生产标准生产，生产过程中遵循自然规律

和生态学原理，协调种植业和养殖业的平衡，限量使用限定的化学合成生产资料，产品质量符合绿色食品产品标准，经专门机构许可使用绿色食品标志的产品。

成分不明确的、含有安全隐患成分的肥料。未经发酵腐熟的人畜粪尿。生活垃圾、污泥和含有害物质（如毒气、病原微生物、重金属等）的工业垃圾。转基因品种（产品）及其副产品为原料生产的肥料。国家法律法规规定不得使用的肥料，添加有稀土元素的肥料。

4. 有机西葫芦对种植环境的要求 有机生产基地应远离城区、工矿区、交通主干线、工业污染源、生活垃圾场等。产地的环境质量应符合以下要求：①土壤环境质量符合 GB 15618 中的二级标准；②农田灌溉用水水质符合 GB 5084 的规定；③环境空气质量符合 GB 3095 中二级标准和 GB 9137 的规定。应对有机生产区域受到邻近常规生产区域污染的风险进行分析。若存在风险，则应在有机和常规生产区域之间设置有效的缓冲带或物理屏障，以防止有机生产地块受到污染。缓冲带上种植的植物不能认证为有机产品。选址应符合国家和地方环境功能区划、生态功能区划和产业发展规划。周边 1 千米范围内没有工矿区、工业污染源、生活垃圾填埋场等可能影响基地生产环境的污染源。生产过程采取循环农业生产模式和环境友好型生产方式，不造成环境污染、生态破坏以及生物安全风险。秸秆、畜禽粪便等农业废弃物综合利用率 100%，农膜回收率 100%，西葫芦病虫害生物防治和物理防治推广率达 100%，水产养殖尾水无害化处理率 100%。国家有机食品生产基地的规模应达到如下要求：蔬菜 ≥ 53.3 公顷，设施栽培 ≥ 26.7 公顷。

三、西葫芦栽培的质量控制

（一）检验检测体系

为贯彻落实《国务院关于加强食品安全工作的决定》（国发〔2012〕20号）和《国务院办公厅关于加强农产品质量安全监管工作的通知》（国办发〔2013〕106号）精神，加快农产品质量安全检验检测体系建设，规范农产品质量安全检验检测机构运行和管理，依据《农产品质量安全法》《食品安全法》等相关法律法规，2014年6月农业部发布了关于加强农产品质量安全检验检测体系建设与管理的意见。农产品质量安全检验检测是开展农产品质量安全监管的重要支撑，是保障人民群众"舌尖上的安全"的重要手段。

形成以部、省级质检中心为龙头，地（市）级综合质检中心为骨干，县级综合质检站为基础的农产品质量安全监测网络。部级农产品质检机构主要承担全国和区域农产品质量安全监控计划实施、风险监测、突发事件应急监测、隐患排查、预警分析、风险评估、产品合格评定、仲裁检验、检测技术研发、标准制修订，以及有关技术咨询服务等工作。省级农产品质检机构主要承担本区域内农产品质量安全监控计划实施、风险监测、监督抽查检测、突发事件应急监测、隐患排查、预警分析、产地认定检验、评价鉴定检验、地方农产品质量安全标准制修订和验证，以及对全省（区、市）农产品质检机构的技术指导和咨询服务等工作。地（市）级农产品质检机构主要承担本区域内农产品质量安全监控计划实施、监督抽查、复检，以及对农业生产组织和县级农产品质检机构的技术支持服务等工作。县级农产品质检机构主要承担本区域内农产品质量安全日常性检测、巡查调查、配合上

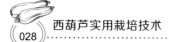

级抽样，以及对乡镇监管站、生产基地和生产者技术指导和咨询服务等工作。

（二）质量追溯体系

农业部农产品质量安全中心于 2015 年 6 月 10 日在北京召开了《关于推进农产品质量安全追溯体系建设的指导意见》研讨会，争取年内出台。建立国家级"菜篮子"产品质量安全追溯信息平台，地方根据属地管理职责建立省、市、县各级"菜篮子"产品质量安全追溯信息分中心（站），从蔬菜龙头企业和农民专业合作组织入手，探索建立覆盖蔬菜生产和流通环节的全程质量追溯体系，实现生产档案可查询、流向可追踪、产品可召回、责任可界定的目标。按照"统一标准、分工协作、资源共享"的原则，统一质量安全信息采集指标、统一产品与产地编码规则、统一传输格式、统一接口规范，完善并督促落实生产档案、包装标识、索证索票、购销台账、信息传送与查询等管理制度，实现生产、加工、流通各环节有效衔接。制定《食用农产品质量安全追溯管理办法》，明确蔬菜产销主体的质量安全责任。鼓励推广使用产地证明或质量认证等合格证明，建立产地准出和市场准入机制。地方政府完善质量安全追溯奖励机制，对建立产品追溯体系的生产、流通企业和农民专业合作组织给予补贴。

第三章
西葫芦配套栽培技术

一、品 种 选 择

（一）西葫芦育种

自 1976 年山西省农业科学院蔬菜研究所选育出"早青一代"、"阿太一代"杂交种以来，我国西葫芦生产面积逐年扩大。西葫芦从露地春季生产的单一模式，成为不同季节、不同生产方式，可全年生产的蔬菜之一。近年来，西葫芦的栽培面积迅速增长，我国对其的重视程度也在逐年增长。由于西葫芦研究在我国的历史及深度有限，所以国外如何进行西葫芦研究与生产受到国内育种单位、种子公司的重视。由于越冬西葫芦长季节、秋露地等茬口对品种的耐低温弱光、抗病性等有要求，所以国外的优良品种也很快地进入我国，并占领了相当的市场份额。目前，在我国种子市场，形成了美国、荷兰等欧美国家、我国各占一定份额的西葫芦种子市场格局。

1.西葫芦育种目标与生产需求 越冬西葫芦长季节育种目标与生产需求：果皮青绿、棒状、耐低温弱光、持续结瓜性强、抗病性强、生长期长、产量高、耐运输。

早春西葫芦育种目标与生产需求：果皮青绿、棒状、结瓜及膨瓜速度快、抗白粉病、抗病毒性强、产量高、耐运输。

秋露地西葫芦育种目标与生产需求：果皮青绿、结瓜及膨瓜速度快、抗病毒病强、抗白粉病、抗银叶病、丰产。

秋延迟西葫芦育种目标与生产需求：果皮青绿、抗病毒病强、抗白粉病、丰产。

2.国外育种 曾经或现在起示范带头的国外品种有：法国的纤手、改良纤手、冬玉、法国68；荷兰的玉龙；美国的碧玉、黑美丽、绿宝石；法国的寒笑、法拉丽、恺撒、天玉、早玉、亚历山大、翠玉等；其他的如飞碟瓜，黄、绿、浅绿等圆形西葫芦，观赏西葫芦等。国外西葫芦品种优势在于植株整齐一致、结瓜性好、成品率高、商品性优，一些品种持续结瓜能力强、易于长途运输。近几年，多抗西葫芦品种大量引入，荷兰和美国西葫芦产品在此方面有优势。

西葫芦种子公司：美国的先正达公司、法国的利玛格兰公司所属的太子公司、荷兰安莎种子公司等。

3.国内育种 国内西葫芦研究与产品方面的优势区域：山西省、河南省、甘肃省、北京市、山东省、内蒙古自治区等。曾经或现在起示范带头的国内品种有：早青一代、阿太一代、碧波、珍玉系列、京葫系列、金苹果系列、晶莹籽用系列等。多抗品种、耐低温弱光等品种推出的速度加快，推广面积增速较快，在各个茬口菜农所用国内育成品种进行生产的份额增大。针对越冬长季节栽培进行的研究与推出的品种与国外推出的品种的差距已经较小。甘肃省等制种基地相对完善，生产的种子纯度较高。总体上，国内培育的西葫芦品种与国外培育的品种的差距已经很小。

（二）西葫芦品种选用原则

针对优势区域规划、市场动态需求、选用的茬口等方面科学选择适宜当地的品种和配套技术，以获得较好的经济效益。

1.科学选择新品种，先试验再种植 我国西葫芦种植区域较广，不同省份和地区对西葫芦产品要求有所差异，有的地区喜果皮斑点大的产品，有的地区喜果皮斑点小的产品，有的地区喜绿皮西葫芦，有的地区喜青皮西葫芦，有的地区喜光亮的西葫芦等。同一西葫芦品种在不同茬口种植，产品果皮也会有一定的变化，可能在某一季节种植的青皮的西葫芦，在另一季节种植皮色就略显白色。市面上品种较多，一定要对新品种或要种植的品种的特征特性有一定认识，根据市场动态需求选好自己要种的品种，并根据其品种特性进行小区（小面积）试验，再根据栽培条件和栽培方式，选择好种植模式和配套技术。不应没试种就大面积推广，更不应心存侥幸地大面积种植，以免造成极大损失。即使是在某地区表现优良的西葫芦品种，也应该小范围试种。不仅如此，种植者应该有西葫芦专用品种的概念，即针对某季节或茬口等为目的而选育出的品种。在选择种植品种时，不应只看重该品种的产量、抗病、皮色等，还要重点看该品种是否适宜在选择好的茬口高效生产。

购买西葫芦种子时切勿图便宜。在西葫芦种子播种前，最好进行发芽试验，测一下发芽率，做到心中有数。要保留一定数量的种子，并留下种子包装袋，确保生产的持续性和生产的安全性。

2.西葫芦种子来源清楚，外观质量符合相关标准 应从持有《种子经营许可证》、《种子质量合格证》和《营业执照》，证照齐全、合法，有信誉度的种子经销处选购西葫芦种子。从外地引进品种，特别是国外引进品种，要选择检疫过的品种。所购买的西葫芦种子袋或种子罐包装要良好，图形和字迹清晰，标注的品种名称、产地、净含量、种子经营许可证编号、质量指标、品种说明、检疫证明编号、生产单位及联系地址、联系方式、生产年月等内容齐全、明确。品种纯正、无破损。

3.种子质量标准　一般种子应符合以下标准：种子纯度≥98%，净度≥99%，发芽率≥90%，水分≤8%。

（三）西葫芦优良品种

1.冬玉　法国太子公司培育。一代杂交种。表现在叶面积大，根系发达，长势旺盛，及少分枝，耐低温弱光，果形圆柱形，浅绿色，光泽度好，生长期长，采收期长，成品率高，商品性好且较耐贮存。适宜于日光温室越冬茬栽培。在日光温室越冬栽培中面积不大，但在较寒冷地区，其耐寒性、持续结瓜性、长势旺盛等方面有优势。在栽种过程中，应适当稀植，防止秧苗过旺造成化瓜现象。

2.法拉丽　法国太子公司培育。一代杂交种。植株长势旺盛，茎秆粗壮，叶片大而厚，耐低温弱光，结瓜力强，瓜长26～28厘米，粗6～8厘米，单瓜重300～400克，膨瓜速度快，耐存放，瓜皮光滑细腻，油亮翠绿，商品性好；抗逆、抗白粉病强。适应于日光温室越冬茬栽培。法拉丽2007年以后逐渐在我国推广，突出特点是瓜条相对较长，瓜皮色亮丽，瓜形稳定。近几年，由于其他青皮西葫芦品种的增多，该瓜种植面积减少较多。

3.早青一代　山西省农业科学院蔬菜研究所培育。一代杂交种，是我国最早培育的西葫芦品种。节间相对较短，株型紧凑，叶片中等、叶面有中等量银白色斑点，植株开展度小，适宜密植。第一雌花一般着生在第五节左右。植株生长势较旺，结瓜性能好，可同时坐瓜3～4个。瓜葫芦形，浅绿色，有细密绿色网纹。较耐低温。适应于小拱棚早春茬栽培、露地栽培等。早青一代西葫芦在瓜形与瓜色与目前西葫芦产品有一定差距，所以其食用栽种面积有较大的减少，但其在早熟性、前期结瓜性及前期产量上有优势。在生产中，要特别加强中后期白粉病、病毒病的防治。

4. 京葫 36　北京市农林科学院蔬菜研究中心培育。一代杂交种。中早熟。耐寒，根系发达，长势强。株型合理，透光性好，光合效率高。低温弱光下连续结瓜能力较强。雌花多，膨瓜快，采收期长，产量高。瓜长 23～25 厘米，瓜粗 6～7 厘米，商品瓜油亮翠绿，长棒形，粗细均匀，光泽度好，商品性佳。适合北方冬季日光温室西葫芦种植。京葫 36 为我国研究单位自主培育的冬季日光温室西葫芦品种，是近几年国内推出的有影响力的西葫芦品种之一，其果皮细腻、青皮等特点带动了相关类似品种的井喷式发展，尤其在山东省表现突出。

5. 寒绿 7042　山东省华盛农业股份有限公司培育。一代杂交种。瓜长 24～28 厘米，最长可达 30 厘米，粗 6～7 厘米，表皮翠绿色。植株长势健壮，抗病性强，对病毒病和烂秧病有一定的抗性。品种适应性强。寒绿 7042 的突出特点是其抗寒能力强，产量较高。适宜早春、秋延迟及越冬茬西葫芦种植。

6. 翠玉　引自国外。一代杂交种。耐寒，根系发达，长势强。果皮细腻，青皮。连续结瓜能力较强。雌花多，膨瓜快，采收期长，产量高。适合北方冬季日光温室西葫芦种植。

7. 京葫 33　北京市农林科学院蔬菜研究中心培育。中早熟。植株长势强，极耐寒，根系发达，茎秆粗壮。低温弱光条件下连续坐瓜能力强。瓜码密，膨瓜快，采收期长，产量高。商品瓜翠绿色，瓜长 22～24 厘米，瓜粗 6～7 厘米，长柱形，瓜条粗细均匀，光泽度好。耐储耐运，货架期长。适合北方冬季日光温室西葫芦种植。

8. 京葫8号 北京市农林科学院蔬菜研究中心培育。早熟，长势中等，株型好。耐低温弱光。坐瓜能力极强，产量高。翠绿细纹，长筒形，长22～24厘米，粗5～6厘米。光泽好，商品性佳。适合南方冬、春露地，北方早春大棚、秋延迟露地及日光温室西葫芦种植。

9. 恺撒 法国太子公司培育。一代杂交种。适应于日光温室秋延迟茬栽培和冬春茬栽培。生长旺盛，耐寒性强，瓜条长22～24厘米，粗5～6厘米，圆筒形，表皮翠绿色、光滑细嫩，抗病性强。恺撒种植前期要注意疏瓜。头瓜宜疏去或早收，拉开留瓜距离，保留2～3厘米的节间长度，5～6条瓜后进入正常管理。

10. 亚历山大 由山东省种子有限公司引自美国。一代杂交种。瓜条翠绿色，长度23厘米左右，直径7厘米左右，瓜条顺直，商品性好，连续坐瓜能力强，产量高。耐低温，抗白粉病和病毒病，适宜早春、秋延迟和越冬西葫芦栽培。

11. 盛玉 寿光万盛种业有限公司从国外引进。一代杂交种。植株生长旺盛、强健、不歇秧、耐寒性好、根系发达。叶片中等大小、中翠绿、节间短、茎秆粗壮。瓜条顺直，果实长圆柱形，长24～28厘米，粗6～8厘米，整齐度好，颜色翠绿亮丽，商品性特好，产量高。抗病、抗逆性强、高抗银叶病。易储运。适宜9月份至翌年1月份育苗栽培种植；一般每667米^{2}植1 000株左右，株行距为70厘米×90厘米。

12. 碧浪 引自国外。一代杂交种。成熟期50～55天，瓜棒槌形，长24～26厘米，浅绿色，果肉为乳白色，质量佳。果皮光滑，产量高，较抗病。

13. 碧玉 美国皮托种子公司培育。一代杂交种。适合春季设施种植等。植株生长强健，瓜乳白色，长筒形，外形美观，口感好。产量高，较抗白粉病及霜霉病。碧玉突出优点是早熟、膨瓜速度快，但瓜皮颜色较白。瓜码密，嫩瓜宜早收，以保证连续结瓜。

14. 寒丽　山西省农业科学院蔬菜研究所培育。一代杂交种。早熟，葫芦形，植株株型紧凑，生长势强，叶绿色少白斑。嫩瓜皮浅绿带细微网纹，商品性较好。适宜于早春小拱棚栽培等。寒丽嫩瓜颜色好，大瓜见白。种植时，肥水要足。

15. 碧波　山西晋黎来种业有限公司培育。一代杂交种。适宜北方冬春及早春设施栽培等。极早熟，株型紧凑，节性好，瓜码密。瓜色光泽、淡绿，瓜顺、皮色亮丽、瓜长棒形，长 18 厘米，外表美观，品质极佳。连续坐瓜力强。抗病性强。

16. 盛润 806　河南盛润种业有限公司培育。一代杂交种。耐低温弱光性好，色泽靓丽，油亮翠绿，瓜长 22～26 厘米，棒状，顺直，大小一致，商品性很好。抗病毒病、白粉病。适于早春保护地、南方露地栽培。

17. 超级帝王　南澳绿亨。一代杂交种。早熟。果实圆柱形，瓜条顺直。表皮淡绿色，光滑有光泽。长势强，抗病性好。适于早春中、小拱棚西葫芦栽培。

18. 绿剑　一代杂交种。早熟。瓜条顺直，浅绿色，商品性极佳。连续结瓜性好，耐高温，抗病性强，瓜码密，坐瓜率高，丰产性强。适宜露地及延秋种植。该品种生长旺盛，结瓜前期应适当控制水肥。每 667 米^{2}定植 2 200 株，株行距 50～60 厘米，结瓜后期要注意勤浇水、施肥。适量使用生长激素，以免造成畸形果、不坐果。

19. 曼谷绿二号　东方正大公司培育。一代杂交种。株型紧凑，花斑叶，前期结瓜多而集中，嫩瓜皮色浅绿，瓜条顺直，美观，高抗病毒病。适宜秋露地种植。曼谷绿二号坐瓜前应使植株健壮生长，切忌使植株徒长，不利结瓜。瓜多时，应疏瓜，确保结好瓜。

20. 天玉 法国太子公司培育。一代杂交种。早熟，长势中等，耐病毒。瓜长 22～24 厘米，粗 5～6 厘米，圆柱形，中绿色，光泽度好，商品性佳，产量高。适于秋延迟提早栽培及高海拔降雨量少的高冷地区反季节越夏栽培。

21. 碧爽 山西晋黎来种业有限公司培育。一代杂交种。极早熟。植株生长势旺盛，耐寒性较好，耐热能力强，生命力强健。植株半直立，膨瓜速度快，连续坐瓜能力强，可同时坐瓜 2～3 个。瓜圆筒形，淡绿色，瓜形顺直整齐，不易生成畸形瓜，光泽亮丽，商品性好。高抗黄瓜花叶病毒、西葫芦花叶病毒等多种病毒，中抗白粉病。采收期长，丰产性好。适宜秋露地种植。

22. 京葫 CRV-3 北京市农林科学院蔬菜研究中心培育。一代杂交种。早熟，长势强，株型好。抗病性好、耐热。连续坐瓜能力强，产量高。商品瓜为浅绿色，长筒形，长 22～24 厘米，粗 6～7 厘米。光泽度好，商品性佳，适合北方早春及秋季大棚、南北方露地种植。

23. 珍玉 35 号（高抗型） 河南农大豫艺种业有限公司培育。一代杂交种。植株紧凑，较早熟，短蔓，叶片上有小银斑，缺刻较深，叶柄较短。幼果嫩绿有光泽，果形棒状、圆润，果长 22 厘米左右，果棱小，果柄短，单果重 400～600 克。抗病毒能力强、丰产稳产。适宜春季大小拱棚、秋露地、秋大棚及高山区域越夏栽培。

24. 珍玉小荷 河南农大豫艺种业有限公司培育。一代杂交种。早熟。长势强健，连续结瓜能力强且膨瓜快，瓜条长圆筒形，皮色翠绿有光泽，果面白斑小而少，商品性优。瓜长 25 厘米左右，商品瓜重 300～400 克。前期膨瓜快，产量高，抗病毒病、白粉病能力强，后期仍能大量下瓜。适宜春季大小拱棚、秋露地等栽培。

25. SQ210 安莎天地种子（北京）有限公司从荷兰引进。

一代杂交种。早熟性好，成熟期 42～45 天。瓜近圆柱形，瓜条长 20～24 厘米，适合采收小瓜（约 500 克）。瓜表面翠绿，光亮细嫩，高温下不易变白。抗病性强，抗病毒，耐热性较好，有高产潜力。适合华北、西北、西南部分地区早秋茬或晚春早夏茬露地栽培。

26. **珍玉 369**　河南农大豫艺种业有限公司培育。早熟西葫芦新品种，植株长势后期加强，正常气候和良好管理条件下，耐低温且较耐热，抗病毒病、白粉病能力强。瓜色翠绿有光泽，温度低时颜色更绿一些，瓜长 22 厘米左右，单瓜重 300～400 克，连续坐果能力强，膨瓜快，精品果率高。

适宜于华北早春拱棚、大棚，及山西、宁夏等北方区域越夏露地栽培，云南、广东等南方区域冬春季节栽培。

27. **金皮西葫芦**　引自国外。一代杂交种。果实金黄色。早熟。生长势强，果形美丽，瓜长 25～30 厘米，横径 4～5 厘米，播种后 50 天即可采收。商品性好，抗病性强，适宜我国大部分地区种植。

28. **黑美丽**　中国农业科学院蔬菜研究所从国外引进。在低温弱光性条件下，植株生长势较强，结瓜性强。瓜皮绿色，长棒状。丰产性强。

29. **阿太一代**　山西省农业科学院蔬菜研究所育成。一代杂交种。早熟丰产，叶色深，叶柄较长，叶面有稀疏的白斑点。一般从第五个叶开始结瓜，以后基本每节都有瓜，采收期集中，在露地直播情况下，下种后 50 天开始可采摘重 0.5 千克的嫩瓜，嫩瓜皮色深绿，有光泽，老熟后呈墨绿色。

30. **长绿**　山西省农业科学院蔬菜研究所育成。一代杂交种。早熟，生长势强，植株开展度 80 厘米，株高 65 厘米，茎粗壮，深绿色，叶片肥厚，深绿色带少量白斑。第一雌花节位第六至第七节，瓜码密，膨瓜速度快。瓜条顺直，长柱形，翠绿色，有光泽。瓜纵径25.5厘米，横径7.2厘米，单瓜重约460克，果肉厚，种腔小，肉质鲜嫩甜脆，纤维少，品质佳，营养丰富。适合日光温室，大、小棚覆盖栽培和春露地地膜覆盖栽培。

31. 绿宝石 中国种子集团公司育成。一代杂交种。早熟，瓜乳白色，棒槌形，外形美观，耐湿，抗逆性强。

32. 金珠 一代杂交种。极早熟，播种后36天就可采收。果实圆球形，果皮金黄，单瓜重300～400克采收。无蔓，适应性强，一年四季随时可播种上市。适宜在冬暖式大棚中种植。

33. 黄色圆西葫芦 一代杂交种。极早熟西葫芦，嫩瓜圆形，表皮金黄色，嫩瓜可以生食，无蔓，适温播种，从种到采收35天左右，单瓜重250克左右。

34. 金迪 一代杂交种。早熟，杂交一代，植株生长势强，连续坐瓜能力强。瓜条光滑顺直，长22～25厘米，直径4～5厘米，色泽金黄色。商品率高，适应性强，耐储运，抗病力强。

35. 金珠 一代杂交种。极早熟，播种后36天即可采收，无蔓，果实圆球形，果皮金黄闪亮，适应性极好，一年四季随时可播种上市。

36. 珍珠 中美合资新疆西艺好乐种子有限公司引进。一代杂交种。极早熟，果实呈圆球形、果皮深绿光亮、带灰绿斑点。

37. 银碟1号 一代杂交种。早熟。植株直立，株型紧凑，株幅较小。果实皮色为淡绿色，有光泽，老熟瓜为白色，瓜形碟状，连续瓜果能力强，抗病性较强。适宜北方地区保护地栽培及南、北方露地栽培。

38. 安吉拉 是阿根廷BASSO种子公司选育的全球第一个玉珍果系列品种。偏早熟，长势旺盛，直立性强，每叶一瓜。果实扁圆形，颜色嫩绿，光泽度好，营养价值高，清香宜人，品质佳，采收期长。高抗病毒病、白粉病。

39. 拍砸一号金丝搅瓜 江苏省睢宁县古邳蔬菜良种站育

成。早熟。株高65厘米，开展度50厘米，无蔓。全株叶片14～16片，长至3～6叶时可见雌花。整枝打杈。每株结瓜1～2个，单瓜重2～3千克，最大的5千克，每667米²产量3 000～4 000千克，最高产量可达5 000千克。保护地和露地均可栽培，可周年生产。

40.生砸无蔓金丝瓜　上海四系生态农业科技有限公司培育。一代杂交种。株高65厘米左右，开展度60厘米。4～5叶开始坐瓜，25天左右即可采摘成熟果实。成熟瓜椭圆形，金黄色。嫩瓜重500～800克，嫩瓜太嫩不能搅丝（超过20天就可以搅丝）。单瓜重2～3千克，单株结瓜2～3个，春播每667米²产量约49875千克，秋播约4015千克，产籽80千克左右。

41.瀛洲金瓜　上海崇明（古称瀛洲）特产。茎蔓较粗，有棱沟刺毛，节间长10～13厘米，分枝较多，叶绿色，心脏形或三角形，主蔓4～7节着生第一雌花。果实有两个类型：一类果实较小，椭圆形，果皮和果肉均金黄色，色深，丝状纤维细，品质优良，但产量较低；另一类果实较大，一般2千克以上，皮和肉色较淡，丝状物较粗，品质较差，产量高。

42.金丝搅瓜　一代杂交种，极早熟，高产抗病，最适宜保护地及露地栽培。全生育期70～75天，株高65厘米，开展度50厘米，矮生无蔓，主蔓结瓜。全株叶片14～16叶，4至6叶期见雌花，需进行人工授粉、整枝拿杈，每株结瓜1～2个。瓜皮黄白色，椭圆近圆形。

43.晶莹218　山西晋黎来种业有限公司培育。一代杂交种。籽用西葫芦。中晚熟。短蔓性，长势旺盛，坐瓜稳健，瓜短粗圆筒形，嫩瓜深绿带条斑，老熟瓜深黄色显条斑。籽腔大，单瓜籽数400粒以上，最多可达600粒以上，籽型大，千粒重190克左右，大籽型，籽粒饱满美观，籽仁较绿，商品性高。综合抗病力强。平均每667米²产籽量160千克以上，最高可达200千克以上。

44.晶莹118 山西晋黎来种业有限公司培育。一代杂交种。籽用西葫芦。生长势较强，瓜蔓短，易坐瓜，瓜短粗圆筒形，幼瓜麻绿色，老熟瓜浓黄色。单瓜籽数400～500粒，籽粒饱满修长，千粒重200克左右。瓜籽外观洁白，内种皮翠绿色，外形美观，商品价值高。平均每667米^{2}产籽量可达200千克左右，在中、低产地块生产也可达到150千克以上。

45.晶莹618 山西晋黎来种业有限公司培育。一代杂交种。籽用西葫芦。早熟型，瓜粗短圆筒形，幼瓜深麻绿色，有清晰或不清晰的深色条斑，老瓜黄色。瓜形饱满，皮较厚，籽腔大，单瓜籽数400～500粒，千粒重170～180克。籽型较大，种仁绿度高，商品性好。适合间作套种或单作，单作每667米^{2}种植2 700～2 800株，每667米^{2}产籽量为170～180千克，最高可达200千克以上。

46.晶莹718 山西晋黎来种业有限公司培育。一代杂交种。籽用西葫芦。短蔓性籽用西葫芦杂交一代新品种，中熟型，抗病性好，全生育期100天左右。果实高圆形，个大饱满，幼果深麻绿，上覆深色条带，老熟果浓黄色，后期温光条件不足也可不完全转色。果肉较厚，果皮坚韧，抗腐烂能力强。籽腔大，平均单瓜产籽数400粒左右，千粒重180～200克。籽粒较大，饱满度好，籽形美观，瓜仁油绿色，商品性高。平均产籽量可达180千克/667米^2，适应性广泛，平川、丘陵、山坡地均可种植，中、低产田产籽量也可达到120～150千克/667米^2。

47.金苹果2号 甘肃武威金苹果有限责任公司培育。一代杂交种。籽用西葫芦。瓜籽饱满亮白，产量高，适应性广，耐盐碱、耐瘠薄，宜粗放管理，适宜密植。抗病性强，坐果性好（第一雌花节位低，雄花开放早，花期相遇良好，早坐果）。适合新疆、内蒙古、东北等瓜籽主产区的高产高效栽培。单作每667米^2

种植 2 400～2 600 株，间作栽培每 667 米^2 为 1 800 株左右。

48.金苹果 3 号　甘肃武威金苹果有限责任公司培育。籽用西葫芦。瓜呈球形，有美丽花纹，蔓深但极易坐瓜，坐瓜期集中，花后 50 天左右瓜皮变黄色，籽则还需 20～40 天后熟方可饱满。籽粒大，色泽美观，商品质量极好，一般每 667 米^2 产籽160～180 千克，特别突出者达 200 千克以上

49.瑞丰九号　甘肃酒泉希望种业有限公司培育。一代杂交种。籽用西葫芦。植株生长强健，短蔓，综合抗病性好。平均单株坐老熟瓜 2～3 个，单瓜种子数 300 粒左右，种子千粒重 200克以上。籽粒大，色泽光亮，适宜食用、加工等多种用途。每667 米^2 产籽量 150～180 千克，按照相应的技术操作种植，最高产可达 200 千克以上。

50.合玉青　山西省农业科学院蔬菜研究所育成。一代杂交种。播种到采收 250 克左右的嫩瓜需 45 天左右。株型半蔓生，开展度大。叶片缺刻浅，叶色绿色，上有少量白色斑点。第一雌花节位 6 节，雌花中等，成瓜率高，商品瓜形为直筒形、瓜条长且瓜皮亮绿青色。商品性好。

51.绣丽　山西省农业科学院蔬菜研究所育成。一代杂交种。中早熟，半蔓生，绿叶带浅白斑。瓜形长圆筒形，翠绿，商品性好。

二、主要栽培模式

随着保护设施的发展，西葫芦生产早就可以进行周年生产，在全国的不同地区也形成了较为高产的栽培模式，如山西省、山东省等地的日光温室越冬茬西葫芦栽培模式，山西省、甘肃省等地的冷凉地区西葫芦栽培模式，山西省、河北省、河南省等地的秋露地西葫芦栽培模式，云南省、广西壮族自治区等地的冬季露

地西葫芦栽培模式等，都推动了西葫芦生产的健康发展。总体来说，主要有日光温室越冬西葫芦栽培模式，日光温室冬春西葫芦栽培模式，日光温室秋延迟西葫芦栽培模式，塑料大棚西葫芦早春栽培模式，塑料大棚西葫芦秋延迟栽培模式，中、小拱棚早春西葫芦栽培模式，春露地西葫芦栽培模式，冷凉地区西葫芦栽培模式，秋露地西葫芦栽培模式，南方冬季西葫芦栽培模式等。随着西葫芦育种技术的提高，西葫芦在品质、抗性、丰产等方面都有长足的进步，极大地提高了西葫芦品种对不同生产模式的适应性，季节茬口已不太明显。菜农应结合当地市场要求灵活安排全年生产，将结瓜盛期安排在价格高、效益好的时期，以获得满意的结果。

（一）日光温室越冬西葫芦栽培模式

华北地区通常 10 月上中旬播种，11 月下旬至 12 月上旬定植，12 月底至翌年 5 月份采收。拉秧时间可根据当时市场对西葫芦产品的需求或后茬如西红柿、甜辣椒、茄子等定植时间来定。该栽培模式的特点是生产时间长，采获期长，一般单株要采收到 35 个以上果实，产量高。采收期间有春节等大的节日，经济效益也高，每 667 米 ^{2} 的销售价格一般在 3 万元左右。

（二）日光温室冬春西葫芦栽培模式

华北地区通常 12 月下旬至翌年 1 月上旬播种，2 月中下旬至 5 月份采收。该栽培模式的特点是采收时间较长，与前茬如芹菜、韭菜等轮作，不仅合理地利用了温室，而且避开了冬季温室温度低等因素的不利影响，从而获得较好的效益。

（三）日光温室秋延迟西葫芦栽培模式

华北地区通常 7～8 月上旬播种，9 月中下旬至翌年 1 月份采收。该栽培模式的特点是避免或减轻了病毒病对西葫芦的危害，提高了西葫芦产品的商品性。由于该模式生产期明显的比秋露地西葫芦生长期长，所以经济效益尚可。

（四）塑料大棚西葫芦早春栽培模式

华北地区播种期一般在2月上旬至3月上旬，定植期在3月中旬至4月上旬，4月上旬至5月中旬开始上市。该栽培模式的特点是，与中、小拱棚早春西葫芦栽培相比，此模式的产品能提早上市，适当提前和延迟了西葫芦的供应时间，经济效益尚可。

（五）塑料大棚西葫芦秋延迟栽培模式

华北地区播种期一般在7～8月份，一般采用直播的方法，以避免西葫芦病毒病的发生。该栽培模式的特点是利用温室温度、湿度、光照等调控，增加防虫网等设施，在西葫芦生长前期较好地抑制了病毒病等西葫芦病虫害的发生，产品商品性较好。

（六）中、小拱棚西葫芦栽培模式

华北地区一般2月中旬至3月中旬育苗，3月中下旬至4月初定植，4月中旬至6月份为主要上市时间。该栽培模式的特点是生产前期可保温、防植株徒长。技术相对简单，种植面积较大，收益较高。

（七）春露地西葫芦栽培模式

华北地区一般4月中下旬播种或育苗后定植，5月中下旬陆续采收，依据效益决定拉秧时间。栽种方式多样，有小高畦上覆膜后直接打孔定植，或先播种后盖地膜再开孔放苗的小高畦（高垄）地膜覆盖栽培，或先播种后盖地膜再开孔放苗的平畦地膜覆盖栽培，或先起垄打孔播种后覆膜的垄栽栽培，或覆膜前沟栽后引苗的沟畦栽种地膜覆盖栽培。该栽培模式的特点是在无霜期进行生产，栽种灵活，西葫芦膨瓜速度较快。由于采收期正赶上其他蔬菜也大量上市，所以其生产效益常受市场需求波动。

（八）冷凉地区西葫芦栽培模式

华北地区一般5月份播种，6月下旬陆续采收上市。该栽培模式的特点是种植区域相对适宜西葫芦生产，生产投资较少，有一定的经济效益。然而，有时遍及北方的炎热天气也常常造成生产上病毒病的大量发生，从而影响产品的产量和商品性。

（九）秋露地西葫芦栽培模式

华北地区一般7月中下旬播种，8月下旬开始采收。该栽培模式的特点是依当地气候条件确定播种时间，品种选择、种植过程中抗西葫芦病毒病是其生产重点。近几年面积有扩大之势，有一定的经济效益。

另外，还有南方秋延迟、冬季西葫芦栽培等模式。两种模式种植时间灵活，南方西葫芦生产除固有的广西百色、云南省外，其他省份对西葫芦的市场需求也有一定的增长，西葫芦生产面积及影响力已有很大的提高。

与以上栽培模式配套的轮作、间作、套种栽培技术有：玉米、西葫芦露地栽培，西葫芦、番茄、油菜栽培，早春西葫芦、越夏白菜、芹菜栽培，西葫芦、芥菜、芹菜栽培，拱棚早春甘蓝、白菜、秋延迟西葫芦栽培，大棚甜椒复播西葫芦栽培，西葫芦、番茄、芸豆栽培，冬春茬西葫芦、伏豇豆、早熟白菜栽培，越冬西葫芦日光温室、番茄日光温室栽培，小麦、西葫芦露地栽培，西葫芦套种苦瓜温室栽培，西葫芦套种生菜或油菜或油麦菜温室栽培等，小油菜、西葫芦、辣椒、架豆角，日光温室双孢蘑菇套种西葫芦等。

合理安排茬口、栽培模式，充分利用轮作、间作、套种等模式，配合增施有机肥、有益菌和对土壤消毒等措施；温湿度、光照等调控，适应性品种的推广，最终达到高产高效、西葫芦周年供应的目的。

三、育 苗 技 术

（一）浸 种 催 芽

浸种的目的是要让干燥的西葫芦种子较快地吸水，具有能正常发芽的含水量。而催芽的目的就是在西葫芦种子发芽过程中，提供适宜的温度、水分和氧气，使种子发芽快、出苗早、出苗齐。浸种催芽能很好地减少直播种子发芽时因种子及外界条件不适带来的种子发芽缓慢、出苗不齐、缺株断垄的问题。但在不同的栽培季节应灵活使用浸种催芽的方法。对带药的包衣西葫芦种子，要对所含农药等有所了解，看是否可以使用浸种方法，避免造成绝大多数农药等有效成分溶于浸种的温水中而降低包衣效果，或小环境下农药等含量高使种子出现药害等损害种子发芽的情况。

1. 浸种　浸种主要分为温汤浸种和简单浸种。温汤浸种是用50℃～55℃的温水（可用一份冷水加一份沸水对成）进行烫种15～20分钟后，再浸种4小时。为了减少种子带菌量，捞出种子后，可再用1%高锰酸钾溶液浸种15分钟。种子出水后用清水洗去种皮上的黏液，使种子表面不粘手，以便于种子吸水。简单浸种方法是用常温清水对种子进行4～5小时浸泡。种子用布包好的，浸种时袋口不要扎得过紧，以利种子均匀浸水。

2. 催芽　催芽是将种子置于最适宜的温度、湿度和氧气条件下，使其迅速发芽的方法。用布包种子浸种的，从水中拿出后要先甩水，再把种子装入干净的瓦罐、脸盆或其他的容器中，容器上面覆盖拧干的湿布，再将其置于具有适宜的催芽温度的地方，如放在恒温箱、火炕或加温温室等温暖处促其发芽，温度保持在 25℃～30℃。种子量大时，每天要翻动 2～3 次，这样可使种子温、湿度均匀，并利于种子呼吸。种子出芽后就不再翻动，待种子出芽 70%～80% 时，即可播种。一般西葫芦浸种 4 小时后就可进行催芽，若种子良好，则出芽时间较短。故要及时察看浸水的种子，避免播种时芽子过长而影响播种时间、覆土工作和出苗质量。

（二）育苗钵等育苗

1. 营养钵育苗　育苗钵育苗是把按一定成分比例配制的营养土装入准备好的容器里，并在其中育苗的方法。其优点是利于集中育苗、培育壮苗，随时可以放大营养面积，防止幼苗徒长。由于此法护根好，定植后易于缓苗，所以苗期病害也较少和容易防治。营养钵规格一般为 9 厘米×9 厘米，10 厘米×10 厘米。

（1）营养土要求　pH 5.5～6.8，有机质 2.5%～3%，有效磷 20～40 毫克/千克，速效钾 100～140 毫克/千克，碱解氮 120～150 毫克/千克，孔隙度约 60%，土壤疏松，保肥、保水性能良好。

（2）普通苗床或营养钵育苗营养土配方　选用无病虫源的田园土占 1/3、炉灰渣（或腐熟马粪，或草炭土，或草木灰）占 1/3，腐熟农家肥占 1/3；或无病虫源的田土 50%～70%，优质腐熟农家肥 50%～30%，三元复合肥（N : P : K=15 : 15 : 15）0.1%。不宜使用未发酵好的农家肥。

有机肥应选择充分腐熟的优质马粪、猪粪等，如用杀菌剂及杀虫剂，则其必须是绿色有机的。园土和粪要过筛，混拌均匀后备用。

（3）**营养钵育苗的步骤** 一是把配好的营养土装入营养钵，浇透水，水渗下后播种、覆土，覆土厚度1～1.5厘米。其上覆盖地膜。二是种子拱土后及时放苗或揭去地膜，勿造成烧苗。若无营养钵，应选择地势高、土质肥沃、排灌方便的地块，耙平后撒施充分混匀的营养土，将其平整地铺于畦内，厚度在10～15厘米，耙平畦面，浇透底水，水下渗后用刀切成10～15厘米见方的营养土块。畦长度则根据所需苗数的多少而确定。定植时要细心，防止散托。

2.**穴盘育苗** 西葫芦穴盘育苗的目的是更好地提高土地利用率，无须缓苗，易运输，适合大面积规模化育苗。

（1）**穴盘** 育苗穴盘一般采用塑料等轻质材料制作而成。多个育苗孔穴连为一个整体，穴盘孔穴呈四棱锥体或圆锥体，底部有排水孔，外形规格标准一致。西葫芦育苗一般采用50孔穴盘或32孔穴盘。

（2）**工厂化穴盘育苗营养土配方** 2份草炭加1份蛭石，以及适量的腐熟农家肥；或育苗基质采用70%进口草炭土加30%珍珠岩；或购买基质加不同比例的无害园土；或直接用购买的基质填装。

（3）**穴盘育苗的方法** 一个穴孔播种一粒种子。重复使用的育苗穴盘在使用前采用2%漂白粉或0.5%高锰酸钾溶液浸泡0.5小时，用清水漂洗干净、晾干。调节基质含水量至35%～40%，即用手紧握基质，可成形而没有水滴形成的程度。将处理好的育苗基质装入育苗穴盘中，使每个孔穴都充满基质，刮平育苗穴盘表面的育苗基质。播种深度0.5～1厘米，播种后覆盖一层基质。播种出苗后，如缺水，宜采用"底吸式"浇水或喷淋式浇水，每次浇匀、浇透。成苗叶片数一般2～3个。

3.**嫁接育苗** 将西葫芦栽培品种的幼苗地上部分（称为接穗）通过靠接等方法移接到具有优良抗病、抗逆或耐低温等的带有根系（称为砧木）的幼苗上，接穗、砧木共生成为一新的植株，组合成单一的有机体。该法弥补了接穗的一些问题。如生产上利用黑籽南瓜作砧木进行嫁接，目的是利用自身耐低温、根系发达、下胚轴生长良好及植株生长旺盛的特点，使嫁接后的植株根系发达，耐低温性、抗病能力增强，秧苗生长发育加快，植株粗壮。根系老化速度减缓，可延长生长期和采收期，提高产量。

（1）**砧木选择** 砧木要具有栽培品种更为突出的抗病、抗逆、耐低温等特性。砧木要与接穗有极高的嫁接亲和性，能在嫁接后极快地愈合伤口。砧木要与接穗共生亲和力强，在产量、品质上有所提高或不造成植株、果实品质上的问题。由于不同接穗对砧木的亲和性和共生性不同，所以在进行嫁接生产中一定要进行前期小规模试验。目前，砧木种类较多，但主要有南瓜砧木、笋瓜与南瓜种间杂交种的砧木。

①黑籽南瓜砧木 来源较广，具有与西葫芦亲和力强、下胚轴较粗、子叶比较小、嫁接便利、嫁接成活率高的优点；尤其在地温较低的情况下，根系的伸长能力强，吸水、吸肥力强。

②特选新土佐砧木 日本引进的一代杂交种（笋瓜与南瓜的种间杂交种），生长势、吸肥力强，耐热、耐湿、耐旱，低温生长性强，抗枯萎病等土传病害，适应性广。苗期生长快，育苗期短，胚轴特别粗壮。

（2）**接穗和砧木育苗** 在温室进口处做成南北方向的平面嫁接无菌苗床。将无菌沙壤土与优质腐熟有机肥、适量三元复合肥和多菌灵混匀、捣碎、过筛，装入营养钵或用基质填装。

嫁接中砧木和接穗的具体播种时间因种子自身、幼苗生长速度、不同嫁接方法等而异，一般接穗应晚播3～5天或同时播种。

西葫芦种子播前浸种后放在25℃～30℃下催芽，种子露白时即可播种。黑籽南瓜或其他砧木在播前用65℃温水浸种15分钟，然后搅拌至水温40℃，再浸泡10～12小时，轻搓去种皮黏液，洗净后用潮湿纱布包好，放在25℃～28℃下催芽，待种子露白时播种。播种后的苗床要适当地提高温度，白天保持30℃左右、夜间保持20℃左右，使幼苗胚轴稍徒长一点，一般胚轴长度7～8厘米。

播种前将苗床或育苗钵喷透，把西葫芦和南瓜籽按2～2.5厘米的间距分别点播在各自苗床或育苗钵中，播后覆沙1～2厘米厚，刮平床面后用地膜腾空覆盖。在70%种子出土时及时撤掉薄膜。如苗子出现"落干"现象，可于早晨用喷壶洒水，保持苗床湿润。

（3）主要嫁接方法

①靠接　也称为舌靠接。嫁接所需工具为刀片、嫁接夹。嫁接前一天用清水喷雾砧木和接穗，确保植株清洁。嫁接时间为接穗第一片真叶初展开，砧木幼苗刚吐真叶时进行。用巧劲将砧木和接穗同时连根取出，用湿布盖好，放在随手可取的地方。先取砧木苗，用刀片切除或竹签剔除刚露出的心叶，彻底去掉生长点。在子叶节下0.5～1厘米的位置，自上而下按35°～40°角度向下斜切至胚轴直径的1/2处，刀口长约1厘米。然后取接穗幼苗，自下而上在子叶节下1.2～1.5厘米按35°左右斜切至胚轴直径的2/3，刀口长约1厘米。将接穗与砧木的一边对齐，把两个切口契合在一起，并立即用嫁接夹固定。最后，将嫁接苗栽入装好营养土的营养钵中。栽苗时，接穗和砧木的根系要留一定的空隙，以便于日后接穗断根。靠接操作较为麻烦，但成活率高。

②插接　嫁接所需工具为刀片、竹签。插接要求砧木大、接穗小，砧木可比接穗早播3～4天。当砧木刚露生长点，接穗的子叶刚展开（或未展开）时进行嫁接。先取砧木苗，用刀片去掉

砧木（带营养钵操作）的生长点，用竹签从右侧子叶的主脉向另一侧子叶方向向下斜插 5～7 毫米，以竹签尖端不刺破砧木下胚轴表皮为度，竹签暂不拔出。然后取出接穗，在子叶节下 1 厘米处向下斜切一刀，深度为茎粗的 2/3，切口长 5～7 毫米，同样在另一侧下刀，把接穗的下胚轴切成楔形。削切好接穗后，拔出插入砧木的竹签并迅速插入接穗（接穗的 2 片子叶与砧木的 2 片子叶呈十字花形契合）。插接操作简单，但要掌握好接穗与砧木的植株大小，使接穗下胚轴能插入砧木。

（4）**嫁接苗成活的关键**　关键就是调整好嫁接苗所处的温度、湿度、光照，培育壮苗。一般嫁接后前 3 天，白天保持 25℃～28℃，夜间保持 15℃～18℃，促进伤口尽快愈合。小拱棚内空气相对湿度要保持在 95% 以上，使幼苗能在适合的空气湿度中健康生长。中午强光时可用遮阳网遮阴，当嫁接苗出现"落干"时只能溜浇，不能喷洒。不能拍打拱膜上水珠，防止水珠落到刀口处引起感染。3 天后，当伤口基本长出愈伤组织时，白天控制棚内温度在 24℃左右，夜间在 15℃左右，温、湿度要逐渐降低，光照时间要逐渐加强，透光时间逐渐延长。7 天左右伤口愈合时，白天可不再遮光，通风、降温、降湿，但上午遇到高温强光时，可用纸被或无纺布遮阴。当西葫芦长出新叶时（嫁接成熟的标志），在下午光照变弱、温室内温度下降时，利用靠接方法进行嫁接的嫁接苗要将接穗的根系断掉。在断根的同时将嫁接夹子取下。及时清除未成活的死苗，及时摘除砧木的生长点处萌发的新侧枝，把成活苗分级排放。

（5）**西葫芦嫁接过程中的注意事项**　嫁接后有 2～3 天的良好天气，如遇阴雨天的低温弱光条件时，应控制幼苗生长。填土时注意不要盖住嫁接夹，刀口不能溅上水或沾上泥。为方便断根，栽植时嫁接夹方向要一致。多留 20% 的预备用苗。嫁接时最好 2～3 人一组，流水作业，避免交叉作业引起伤口污染。

四、连作障碍的控制

一般说的西葫芦连作是指在 1 年内或连年在同一块地里连续种植西葫芦的种植方式；而广义的西葫芦连作是指除西葫芦自身在同一块地里连续种植外，西葫芦与其感染同一种病原菌或线虫的其他蔬菜在同一块地里连续种植的种植方式。西葫芦或近缘作物连作以后，病菌易存留和蔓延，使相同病虫害大量发生；某些元素的缺乏，也会造成产品产量、品质的下降，这就是我们通常讲的连作障碍。

（一）成　　因

西葫芦发生连作障碍是西葫芦与土壤之间两个系统内部诸多因素综合作用的外观表现，其机理是较为复杂的。连作一是增加了土壤有害微生物。1 年内或连年在同一块地里连续种植西葫芦，或西葫芦与其感染同一种病原菌或线虫的其他蔬菜在同一块地里连续种植，种类单一，逐渐形成特殊的种植环境，使有益微生物受到抑制而有害微生物增加，土壤中微生物种群发生变化，土壤微生物和无机成分的自然平衡受到破坏，都会导致肥料分解过程障碍，土壤病菌蔓延。引起土传病害的病原菌主要包括病原真菌、病原细菌、病原线虫等，露地、设施栽培生产中，高温、高湿的温室环境更为土传病害的发生提供了有利的条件。二是土壤次生盐渍化及酸化现象。在设施栽培中，肥料投入量一般是露地施肥量的 3～5 倍。施肥过多，肥分不能随雨水淋溶，剩余的盐分积聚在土壤表层，就产生了土壤次生盐渍化。过量施用酸性或生理酸性肥料如氯化钾、过磷酸钙、硝酸铵等，过量施用氮肥等，都会导致土壤酸化现象的发生。若所用的有机肥为鸡粪，则碳源不足，会使日光温室土壤有机质含量不高，缓冲性能降低。

三是植物自毒作用。植株残体与病原微生物的代谢产物对植物有毒害作用，并连同植物根系分泌物分泌的自毒物质一起影响植株代谢，最终导致自毒作用的发生。现已证实，与西葫芦倒茬的番茄极易产生自毒作用。

（二）控制技术

土传病害病菌分布于土表以下，施药不容易到达其生存区域。土传病害发病隐蔽，且发病初期不易被发现，其防治已成为世界性难题。对西葫芦来讲，西葫芦根腐病也已成为西葫芦病害中第一要防治的，也是危害性极大的病害。通过农业防治、物理防治、生物防治、化学防治等综合防治，可有效减轻土传病害的危害。

1. 轮作倒茬 在倒茬间隔种植豆类作物。整平畦面，防止积水后西葫芦根系因缺氧染病死秧。深耕土层 35 厘米以上，防止因西葫芦根浅脱水染菌死秧。一般轮作原则为：与浅根性、互不传染病害、能促进改善土壤结构等其他蔬菜轮作。

2. 土壤消毒 利用高温和不利于病原菌、害虫存活的各种条件，减少病虫害对植株的危害。

第一，用 40% 的福尔马林 50～100 倍液，均匀地喷洒在地面，然后稍微翻一翻，药土混匀，用塑料薄膜覆盖地面 2 天，然后揭开，打开门窗让福尔马林蒸气散去，2 周后土壤就可以使用。

第二，选晴天，将温室土壤深翻 25 厘米以上，把地浇透，用塑料薄膜覆盖地面，膜边压严，连续 10～15 天的阳光照射对土壤消毒，也可达到有效杀灭病虫害的目的。

第三，采用石灰氮－太阳能环保型土壤消毒技术。石灰氮又称乌肥或黑肥，主要成分为氰氨基钙（$CaCN_2$）。pH 为 12.4 左右，属于强碱性肥料。石灰氮的完全分解需要土壤充分湿润，在土壤中的反应主要为与水反应，先生成氢氧化钙和氰氨，氰氨水解形成尿素，尿素分解成的氨可直接被植株吸收。石灰氮－太阳能环保型土壤消毒技术适用于日光充足、温度较高的地区。方法一：清洁温室。每667米²使用稻草、麦秸或有机肥等有机物1000千克、石灰氮颗粒剂80千克、多菌灵1千克，深翻，做垄，灌透水，然后用棚膜密封，高温闷棚15天左右，上锁（防止中毒）。注意此法不能在碱性土壤上使用。方法二：清洁温室。一般在夏季温度最高、光照较强的时候，整平地面，灌大水。2天后，每667米²施用石灰氮80千克，同时可使用未腐熟的鸡粪800千克，将二者混合均匀后撒施于土壤表面。小型耕作机械作业，将二者均匀翻入30～40厘米深的土层内。再次整平后用透明薄膜将土壤完全覆盖。密闭20天左右，揭膜晾晒。石灰氮粉末有一定的毒性，在分解过程中产生的氰氨液会对生长的植株产生不利因素，不建议作追肥使用。在施用石灰氮时需要进行自身保护，以免其接触身体或被吸入体内危害健康。

第四，或威百亩日光消毒技术。威百亩化学名称为甲基二硫代氨基甲酸钠，是一种可广谱利用的土壤熏蒸剂，可用于日光充足、温度较高的地区。国内主要的剂型为32.7%水剂、35%水剂和42%水剂。药液与土壤中的水分接触后发生化学变化会分解出异硫氰酸甲酯。该物质在适当的土壤环境条件下，可有效杀灭土壤中的真菌、细菌等有害微生物，同时对线虫、地下害虫有较好的防治效果。最终异硫氰酸甲酯会被完全降解。处理时间为7～8月天气最热、光照最好的一段时间。先将温室或大棚土壤整平后灌水，土壤相对湿度达到30%～50%，用旋耕机深翻土壤（30～40厘米为好），开沟施药，每667米²用42%威百亩水剂25～40千克，对水500升，施药后随即盖土，注意土不要压太实。覆土后及时覆膜，密封时间为10天。如果消毒期间赶上连阴天，那么可以适当延长密封时间。该药在稀溶液中易分解，使用时要现配现用，不能与含钙的农药如波尔多液、石硫合剂混用，不可直接喷洒于西葫芦植株上，每季最多使用 1 次。在施用威百亩时需要进行自身保护，以免被吸入体内危害健康。

第五，棚室消毒。棚室在定植前要进行消毒，每 667 米² 设施用 80% 敌敌畏乳油 250 克拌上锯末，与 2～3 千克硫磺粉混合，在棚内分 10 处点燃。大棚密闭一昼夜，通风后无气味时定植西葫芦。

3. 增施微生物菌肥 微生物菌肥是以活性（可繁殖）微生物的生命活动使西葫芦得到所需养分（肥料）的一种新型肥料生物制品，具有广谱性。通过增加微生物菌肥，可提供西葫芦生长所必需的营养元素，促进西葫芦根际有益微生物繁殖，抑制有害微生物生长，以菌治菌，逐渐用大量有益菌去改良土壤。增施微生物菌肥要选择合格产品，勿用过期产品。

4. 嫁接换根防止土传病害 利用黑籽南瓜等作砧木，通过靠接等方法进行嫁接，使植株抗病能力增强。

5. 医学防治 防治土传病害，化学防治中有种子处理、药剂喷淋、药剂灌根、拌土施药等方法，拌土比灌根更为科学。西葫芦猝倒病可采用 30% 甲霜·噁毒灵水剂，每 667 米² 用量 1 250 克；根腐性疫病可用 69% 安克·锰锌可湿性粉剂，每 667 米² 用量 6 250 克，或 50% 烯酰吗啉可湿性粉剂，每 667 米² 用量 1 700 克；线虫病的防治可采用 10% 噻唑磷颗粒剂，每 667 米² 用量 1 500～2 000 克，或 5% 丁硫克百威颗粒剂，每 667 米² 用量 5～7 千克，或 35% 威百亩水剂，每 667 米² 用量 4～6 千克。

五、高垄栽培技术

高垄及小高垄栽培能使土质疏松，通透气好，土壤昼夜温差增大。加厚的熟土层，营养集中，利于排水灌溉，可避免土壤板结，提高肥效。高垄及小高垄栽培对根系生长有利，能较好地协调营养生长与生殖生长的矛盾，降低空气湿度，减少病害发生。

（一）日光温室西葫芦高垄栽培

在越冬西葫芦日光温室栽培中利用最多。垄向南北。起垄的畦面宽度、垄与垄之间的垄沟宽度依不同品种而定，长度根据所种苗数多少确定。一般畦面宽 70～120 厘米，垄平均高度 15～20 厘米，形成内高外底的斜面，便于地膜覆盖。垄与垄之间的垄沟宽 30～60 厘米，垄上开暗沟，暗沟的两侧各栽一行，可三角形栽种。按大行距 80 厘米，小行距 50 厘米或其他行距种植。

注意事项：修垄时，对垄的高度、宽度、坡度、沟深等要进行修正，栽培垄要修得结实，土壤要平整、整齐。铺膜时，要仔细认真，勿使地膜划开。定植后植株缓苗后再铺膜的，铺膜时要认真仔细，勿伤到植株。起垄的水平决定了相关的浇水、施肥等管理。

（二）西葫芦高垄春栽

1.沟栽　即坐水稳苗，提前 2 天开沟晒土，然后灌水、摆苗、培土，使沟成垄。

2.高垄栽培　定植前每 667 米^2 施腐熟鸡粪 5 000～6 000 千克，均匀撒施于地面，然后深翻，整地起垄，做成高 20 厘米、宽 60 厘米的小高垄，垄间距 40 厘米。起垄时每 667 米^2 施三元复合肥（氮∶磷∶钾为 15∶15∶15）100 千克，集中施在畦垄上。一般在定植前 15 天扣好大棚，同时也要支好小拱棚，每 3 垄支 1 个小棚。小高垄南北走向，小拱棚与垄畦同方向。使膜下地温上升到 10℃以上。双层覆盖保温被。

（三）西葫芦高垄秋栽

将土壤深耕 25～30 厘米，耙细搂平；然后按沟距 1.4 米开

沟，沟宽40厘米、深25厘米。整地后施基肥，沟施腐熟的有机肥。

六、无 土 栽 培

西葫芦无土栽培技术通常是指生产西葫芦时，不用天然的土壤而使用基质等有机固态肥，并直接用清水灌溉的一种栽培技术，主要包括水培、基质培等栽培形式。一般国内的有机蔬菜无土栽培主要有槽式栽培、袋式栽培以及立体垂直栽培等。目前，无土栽培在西葫芦生产上应用面积较小，通过西葫芦无土栽培，可减轻土壤盐渍化，有效防止土壤连作障碍、土传病害危害。

西葫芦无土栽培技术之一：利用现有的节能日光温室进行西葫芦有机生态型无土栽培时，温室内还需安装有机生态型无土栽培系统，主要包括栽培槽、栽培基质和灌水设施等。栽培槽温室内北边留80厘米作走道，南边余30厘米，用砖垒成内径为48厘米的南北向栽培槽，槽边框高24厘米（平放4层砖），槽距72厘米；或按48厘米宽在地上挖深12厘米的槽，边上垒2层砖成半地下式栽培槽。为防止渗漏并使基质与土壤隔离，可在槽基部铺一层0.1毫米厚的塑料薄膜，边角用最上层的砖压紧即可。膜上铺3厘米厚的洁净河沙，沙上铺一层编织袋，袋上填栽培基质。灌水设施应具备自来水设施或建水位差1.5米以上的蓄水池，以单个棚室建成独立的灌水系统。外管道用金属管，棚内主管道及栽培槽内的滴灌带均可用塑料管。槽内铺滴灌带1～2根，并在滴灌带上覆一层0.1毫米厚的窄塑料薄膜，以防止滴灌水外喷。

栽培有机基质的原料可用玉米秸、菇渣、锯末等，使用前基质堆20～25厘米厚，并在其中加入一定量的无机物，如砂、炉渣等，喷湿后盖膜10～15天，以消毒灭菌。混合基质采用砂：

菇渣：玉米芯为 1：2：2，每立方米基质中再加入 2 千克有机无土栽培专用肥、10 千克消毒鸡粪，混匀后即可填槽。每茬作物采收后可进行基质消毒，基质更新年限一般为 3～5 年。

七、科 学 施 肥

（一）西葫芦的需肥规律与施肥

西葫芦根系强大，吸肥能力强，抗寒耐肥，对养分的吸收以钾最多，氮次之，其次是钙、镁、磷。每生产 1 000 千克西葫芦一般需吸收氮 3.92～5.47 千克、磷 2.13～2.22 千克、钾 4.09～7.29 千克，吸收氮、磷、钾三元素比例约为 1：0.46：1.21。生产中以基肥为主，配合施用有机肥或西葫芦专用基肥等。

（二）常 用 肥 料

1. 主要有机肥料 农家肥经充分腐熟达到有机肥卫生标准后可以在西葫芦生产中使用，通常情况下禁止施用未经发酵腐熟、未达到无害化指标、重金属超标的人畜粪尿等有机肥料。

（1）人 粪 尿

①特点 在腐熟过程中不能产生高温，属于冷性肥料。人粪尿作为农家肥料，同化学肥料相比，具有来源广、养分全、肥效较快而持久、能够改良土壤和成本低等优点，可作追肥与基肥施用。由于人粪尿中含有大量的病菌、虫卵和其他有害物质，所以人粪尿需经过腐熟才可以利用。人粪尿中含氮较多，而磷、钾较少，常当做速效性氮肥施用。

②人粪尿无害化处理方法 高温堆肥的方法是将人粪尿与畜禽尿粪、垃圾、秸秆等混合物堆积，使堆积内温度达到一定高度，缺氧高温环境利于肥料腐熟，又能达到杀菌灭卵的目的。

沼气池发酵的方法是将人粪尿与畜禽尿粪、垃圾、秸秆等置于密闭的沼气容器，且能将发酵过程中产生的甲烷回收利用，环保节能。

人粪尿加药剂处理的方法是1 000千克人粪尿加浓度10%氨水10～20千克，或者尿素10千克，加盖密封。1 000千克人粪尿中加50%敌百虫20克，或加入2～3千克石灰氮搅匀，一定温度下搅拌后24小时即可杀死血吸虫卵和土壤中的钩虫杆状蚴。另外一些野生植物也具有杀虫灭卵的作用，如在人粪尿中加入1%～5%的辣蓼草，24小时后便可将血吸虫卵杀死；加入1%～5%的鬼柳叶、闹羊花，则需4天将虫卵杀死。另外，苦楝、青蒿、辣椒秆、蓖麻叶等也有一定的杀虫灭蛆作用。

③施用注意事项　因磷、钾含量低，施用时应注意配合磷、钾肥或其他有机肥。处理过的粪经稀释可直接灌施，但不要将人粪尿晒干，否则既损失氮素又不卫生。也不要把人粪尿和草木灰、石灰等碱性物质混合堆放，以免氮的损失。因人粪尿含有一定的钠盐，所以忌连续大量施于瓜果类等忌氯作物中，以免降低这些作物的产量和品种。盐碱土尽量少施或不施人粪尿，以防加剧盐、碱的累积，也有害植株生长。

（2）畜　粪　尿

①猪粪尿厩肥

Ⅰ.特点。猪粪质地相对较细，成分主要有纤维素、半纤维素、脂肪类物质、蛋白质及其分解物、尿胆质、有机酸和各种矿物质，其成分中含有较多的有机物和氮、磷、钾养分，充分腐熟后形成的腐殖质较多，改土效果好，是优质的冷性有机肥料。

Ⅱ.猪粪无害化处理方法。

A.高温堆肥。目前较普遍的方法是将猪粪、稻草、粉煤灰按湿重比为3∶1∶1，或猪粪、锯末、树叶按湿重比3∶1∶1进行混合。在混合前，将所用稻草和树叶铡成3厘米长，混合均匀后堆积，外覆盖塑料薄膜，同时可以在堆肥中加入一定量的微生物菌剂，缩短腐熟时间，提高腐熟效果。

B.沼气处理。有沼气设备的地方可以将猪粪与人粪尿、禽粪、垃圾、秸秆等混合堆积，置于化粪池中。化粪池密闭的环境使堆积温度快速升高，这种缺氧高温环境既有利于肥料腐熟，又能达到杀菌灭卵的目的，同时产生的沼气可作为清洁能源供家庭使用。

C.大棚发酵。利用大棚独特的保温性及相对密闭性，将集中的猪粪置于温室大棚进行高温堆肥，同时加入生物药剂进行快速杀虫、除臭，最终达到快速腐熟的目的。

Ⅲ.发酵和施用的注意事项。积存时要加铺垫物，常用土或草炭，土肥比以 3：1 为宜。提倡圈内垫圈和圈外堆制相结合的措施，勤起勤垫，有利于粪肥养分腐熟。禁止将草木灰等倒入圈内，以免引起氮素的挥发流失。在选择生物菌剂时，尽量选择大品牌、有质量保证的厂家；选择抗噬菌体能力强的菌株，菌种纯粹，不易变异退化，以保证发酵生产和产品质量的稳定性。

②牛　　粪

Ⅰ.特点。牛粪质地致密，成分与猪粪相似，粪中含水量高，通气性差，分解缓慢，发酵温度低，肥效迟缓，习惯称牛粪为冷性肥料。未经腐熟的牛粪肥效较低。

Ⅱ.无害化处理方法。

A.堆肥发酵。堆肥发酵将牛粪与其他粪肥资源相结合，经过微生物发酵作用，使牛粪转变为腐殖化、无害化、易被作物利用的资源。在堆肥过程中加入生物菌剂，不仅能提高发酵速度，而且使得发酵更加彻底，提高了资源利用率。

B.厌氧处理法。将牛粪置于密闭环境中，利用厌氧微生物的作用，将粗纤维、脂肪、腐殖酸等降解为可溶性的有机物。

C.蚯蚓处理法。将 1 千克鲜牛粪加 4 毫升 10% 乙酸，投入蚯蚓 30～40 条，控制温度在 20 ℃～25 ℃，粪肥湿度 60%～70%。蚯蚓处理法可使粪肥腐熟效果明显好于自然发酵。

Ⅲ.施用注意事项。牛粪腐熟时应加入秸秆、泥炭或土等垫圈物，以利于尿液吸收，同时加入一定量的马、羊粪等热性肥料，有利于促进牛粪腐熟。制堆肥时还应加入钙、镁、磷肥，以保氮增磷，提高肥料质量。同时，要在堆肥外层抹泥 7 厘米左右，以利于粪肥充分腐熟。腐熟好的牛粪宜作基肥，在整地起垄时施入。不宜与碱性肥料混合使用，如氨水、碳酸氢铵等。

③马　　粪

Ⅰ.特点。马粪中有机质、氮、磷、钾、纤维素含量较高。由于其质地疏松，含有的高温纤维素分解菌腐熟过程可以产生大量的热量，所以称其为热性肥料。生产上，常将马粪作为基肥使用，利用其发热多的特点，也作为早春育苗温床的酿热材料。

Ⅱ.施用注意事项。由于马粪粗，尿又少，单独积沤马厩肥没有猪厩肥那样的质量。可把马粪和猪粪混在一起堆积沤制，贮存过程中马粪的热量大，能促使猪圈肥充分腐熟，提高厩肥质量。在高温堆肥中掺上适当的马粪，马粪中的高温性纤维既可分解细菌，又可加速堆肥的腐烂，提高堆肥温度来灭杀粪便中的有害病菌和寄生虫卵。

④羊粪尿圈肥

Ⅰ.特点。质地细，水分少，养分比较丰富，是肥效快慢相结合的肥料，为热性肥料。

Ⅱ.无害化处理方法。堆肥发酵处理：即将清理的粪便集中堆放，利用其中的有机物有氧降解，使肥堆中的温度达 50℃～70℃，连续堆放 15～30 天，可杀死绝大部分病原微生物、寄生虫卵和杂草种子。

Ⅲ.施用注意事项。在做堆时不要做得太小，太小会影响发酵，高度在 1.5～2 米、宽度 2～3 米、长度在 3 米以上的堆发酵效果比较好。

⑤禽　　粪

Ⅰ.特点。禽粪是指鸡、鸭、鹅、鸽等的排泄物，禽粪属于热性肥料。由于家禽的消化道较短，虫、鱼、谷、草等食物或饲料在消化道内停留时间短，消化吸收率较低，使得禽粪中 2/3 的营养物质未被消化吸收，因此禽粪中有机物和氮、磷、钾等矿物质的含量较高，总蛋白和氨基酸的含量也较高，而且由于家禽饮水较少，禽粪的总体特点是含水量少、营养物质浓度高、肥效快，改良土壤理化性质和生物特性效果好。但是禽粪腐解的氮素主要以尿酸形态存在，不能直接被作物吸收和利用，同时未腐熟的禽粪容易孳生细菌和招来地下害虫，对作物根系生长和发育不利，所以禽粪必须经过充分腐熟和加工后才可利用。

Ⅱ.无害化处理方法。

A.堆积自然腐熟。将禽粪与一定量的锯末、稻草、小麦、玉米等作物秸秆混匀，置于地面垒成高 1.8 米左右、宽 2 米左右的长方体，表面覆盖塑料薄膜。薄膜大小视堆积量而定，薄膜须留有一定空隙，以促进好氧细菌的快速、大量繁殖。还可以将过磷酸钙、生土等吸附剂撒入禽粪内，吸附腐熟过程中产生的臭气，也可以加入硫酸亚铁对鲜鸡粪进行除臭。

B.生物制剂腐熟。在自然堆积腐熟的方法基础上，加入一定的生物制剂，可缩短腐熟时间，加快腐熟速度。这些生物制剂起主要作用的是细菌、酵母菌、丝状菌、嗜热放线菌等微生物，其中嗜热放线菌和细菌含量较高。经生物菌剂处理的禽粪在发酵过程中，温度可达 65℃～70℃，甚至更高。高温不仅使禽粪等底料快速腐熟，更重要的是能最有效地杀灭虫卵和病原菌，同时在微生物的作用下，可溶性有机质和一些复杂的有机物如纤维素、半纤维素、果胶等也开始迅速分解。生产上可以在禽粪腐熟前加入肥力高、菌肥发酵剂等菌剂，可加快腐熟。

C. 保护地腐熟池腐熟。在温室近棚口处建一个体积 $2\sim3$ 米^3 的发酵池，在禽粪中放入一定量的肥力高等生物腐熟剂腐熟。腐熟过程中会释放大量的热量和二氧化碳，可给冬季保护地蔬菜提供热量和气体，是一种较为环保、高效的禽粪处理办法。但在大棚里腐熟时要注意，不要在严冬期和阴雪天气棚内通气受限的情况下进行，以免腐熟过程中产生的氨气等有害气体在棚内积累过多，引发气害。

D. 塑料袋腐熟。选用两端开口的较大塑料袋，置于人工操作行。一端扎紧，以不流出水为宜，从另一端装入适量禽粪，4/5 满为宜。往里灌水淹没鸡粪，再扎紧口进行发酵，一般1周左右即可完全腐熟，也可加入生物腐熟剂。此法简单易操作，腐熟速度快，不会对棚里的蔬菜造成气害，但是比较费时、费力。

E. 蚯蚓处理。在需要处理的禽粪堆中加入若干经专门饲养的蚯蚓，经蚯蚓消化排出蚯蚓粪，可直接用作肥料，无须发酵。该法生态环保，但处理量有限，处理过的禽粪还需晒干。

F. 沼气池发酵。可将禽粪与人粪尿及垃圾、秸秆等置于密闭的沼气容器中发酵。不仅能起到消毒作用，而且可将发酵过程产生的甲烷回收利用，是目前提倡的环保节能的好方法。

Ⅲ. 注意事项。禽粪热性肥料的特性，使其在堆肥过程产生高热量，导致氮素极易挥发，所以在腐熟时加入一定量的钙、镁等元素，可起到保氮的作用。而且禽粪养分含量高，腐熟后尿素含量高，为防止烧苗，施肥时每公顷不超过 30 000 千克。

（3）秸秆和堆肥

Ⅰ. 特点。秸秆是玉米、小麦等农作物的副产品，目前由于农民认识不足，秸秆焚烧仍很普遍，这不仅造成资源严重浪费，而且对环境造成污染。农作物秸秆的主要成分是纤维素类物质，是纯天然的优质造纸原料，可利用农作物稻秆生产纸板、人造纤维板等材料，同时秸秆经炭化可形成新型保温材料。秸秆中含有丰富的有机碳、氮、磷、钾等微量元素，经适当青贮法、氨化法等处理成秸秆饲料，其营养价值可与中等水平的牧草媲美。秸秆经过充分分解后，可以提高土壤孔隙度，增强土壤通气透水性，提高土壤肥力。自然条件下，秸秆在土壤中分解速度较慢，应堆沤发酵，制成堆肥后施用。目前，生产上主要将秸秆与畜粪混合处理，这样不仅加快了秸秆的腐熟速度，而且腐熟物的各种营养更均衡，所以秸秆通过堆肥还田是比较合理的一种利用方式。

Ⅱ.秸秆高温堆肥方法。

A.自然堆肥法。一是选择水源充足、交通便利的场所，场地大小根据原料多少而定。将地面夯实，地面均匀铺厚度约20厘米的整秸秆。二是将粉碎好的秸秆、人畜粪尿、细土按3∶2∶5进行混合，同时加2%～5%的钙、镁、磷肥混合均匀，堆沤同时留有一定空隙，保证堆料有一定的通气量。同时，在堆肥四周挖深35厘米、宽25厘米左右的沟，把土压紧培于四周，防止粪液流失。湿度在75%左右，手握刚有液滴滴出为宜。三是用泥巴封堆，封堆厚度3厘米左右，当堆体逐渐下陷、堆内温度下降时，进行翻堆。翻堆时把边缘与内部的材料混合均匀，重新堆起，然后用泥封好，达到半腐熟时压紧、密封、待用。当秸秆颜色变为黑褐色至深褐色，秸秆柔软或混成一团，手抓握堆肥挤出无色有臭味的汁液时，表明秸秆已经彻底腐熟。

B.生物菌剂堆肥法。一是选择水源充足、交通便利的场所，场地大小根据原料多少而定。将地面夯实，为防止跑水，在原料堆四周垒30厘米高的土埂。二是将粉碎好的秸秆按层铺设，一般每层厚度为60厘米，层与层之间撒秸秆腐熟剂和尿素混合物，一般1000千克秸秆配施5千克尿素（或200～300千克腐熟的人粪尿）和1千克生物腐熟剂，如"301"菌剂、腐秆灵、酵素菌等。腐熟堆一般宽2米左右，堆高1.5米左右，长度视材料和场地而定。堆制前将秸秆用水浸透，使秸秆的含水量达到65%左右，一般以手握材料有液滴滴出为宜。三是用泥巴封堆，封堆厚度3厘米左右，当堆体逐渐下陷、堆内温度下降时，进行翻堆。翻堆时把边缘与内部的材料混合均匀，重新堆起，然后用泥封好，达到半腐熟时压紧、密封、待用。当秸秆颜色变为黑褐色至深褐色，秸秆柔软或混成一团，手抓握堆肥挤出无色有臭味的汁液时，表明秸秆已经彻底腐熟。

C.玉米秸秆与畜禽粪便袋桶装堆肥。晾晒粉碎好的玉米秸秆和禽粪按照3∶2混匀，加入适量预先稀释活化的生物发酵菌后，装入较大一端完全封口的塑料袋，加入水至将混合物正好淹没，另一端再封好口，至水不外滴为宜。压实堆放，使肥料升温腐熟。或者晾晒粉碎好的玉米秸秆和禽粪按3∶2混合，再加入适量预先稀释活化的生物发酵菌后混合均匀，将物料装入大容积的塑料桶内，压紧实，盖盖子，使其升温发酵。堆肥过程中，每天短时间自然通风。

Ⅲ.注意事项。若在堆肥过程中发现材料有白色菌丝体出现，要适量加水，然后重新用泥封好，待其达到半腐熟时压紧、密封、待用。如果选择平地，要在四周垒出30厘米高的土埝，以防跑水。秸秆本身分解速度很慢，要配合粪肥及生物菌剂，才可以达到腐熟速度快、养分均衡的目的。

2.主要化肥　氮肥是化肥中的主要品种，农业上通常使用的氮肥种类很多，如铵态氮肥（如硫酸铵、碳酸氢铵等），硝态氮肥（如硝酸铵、硝酸钙等），酰胺态氮肥（如尿素）等。

（1）氮肥　土壤中氮素含量高低往往被看成土壤肥沃程度的标志。氮是蛋白质、核酸、酶等生物大分子的主要成分，而这些生物大分子与植物的生长发育、遗传变异及新陈代谢等生理生化反应有着密切关系。同时，氮也是叶绿素的组成成分，叶绿素是构成叶绿体的主要成分，而叶绿体又是植物进行光合作用的场所，所以环境中氮素供应水平的高低与叶片中叶绿素的含量呈正相关，叶绿素含量的多少又直接影响着光合作用产物的形成。生产中土壤氮素含量除受到自然因素如地域性、土壤剖面分布等影响外，更大程度受到人为施肥因素的影响。土壤中氮素由无机氮和有机氮组成，而有机氮在矿化作用释放出来的氮是作物生长过程中氮素的来源，因此土壤有机态氮在西葫芦氮素营养中起着很大的作用。

①氮素分类及特点　按含氮基团类型不同可将化学氮肥分为铵（氨）态氮肥、硝态（硝铵态）氮肥、酰胺态氮肥、氰氨态氮肥四类。其中，铵（氨）态氮肥主要包括碳酸氢铵、硫酸铵、氯化铵、氨水等。这类氮肥主要特点是水溶性好，肥效快，不易流失但是在碱性环境中易释放氨气，降低了肥料的利用效果，同时在露天通风条件下，氮肥利用率比较低。硝态（硝铵态）氮肥主要包括硝酸铵、硝酸钙等，特点是易溶于水，肥效快，易被作物吸收利用但吸湿性强，易结块，也较易流失。同时，多数硝态氮肥是易燃易爆品，应注意其贮运安全。硝酸铵也不宜作种肥，因其吸湿溶解后盐渍化严重，影响种子发芽及幼苗生长。酰胺态氮肥主要包括尿素，特点是物理性状好、养分含量高、肥效快，但是尿素易水解成氨气，降低了尿素的利用率。由于尿素以上特点建议深施以水带肥的方式施用，同时尿素可作基肥和追肥，尤其追肥效果更好，尿素对西葫芦做根外追肥时的浓度一般为$0.5\% \sim 1\%$。

②西葫芦氮素不平衡症状及防治　土壤缺氮严重或在西葫芦生殖生长期氮肥施用不足，缺氮症状表现为叶片小而薄，颜色呈浅绿或淡黄色，出叶速度慢，根系少呈细长状；坐瓜后缺氮症状表现在植株生长缓慢，上部叶片生长缓慢，下部老叶提前黄化，化瓜、畸形瓜增多。反之，当氮素供应过多时，西葫芦植株易徒长，易倒伏和发生病虫害。缺氮时应适量增施氮素及施用腐熟的

有机肥，也可以采用叶面喷施尿素水溶液的方法，达到应急效果。

（2）**磷肥** 磷是核酸、蛋白质和各种酶类的主要构成元素，这些大分子物质是维持植物细胞进行正常分裂、能量代谢和遗传所必需的。同时，磷是组成生物膜的必需元素，调节细胞与外界进行物质、信息的传递和利用；磷是 ATP 主要组成成分，是植物生长发育、物质合成以及代谢等能量的供应体。磷在增强植物的抗旱和抗寒性等抗逆性方面具有明显的作用。

①磷肥的分类及特点 按磷酸盐的溶解度可将磷肥分为水溶性、弱酸溶性和难溶性三种形态。水溶性磷肥包括普通过磷酸钙、重过磷酸钙、磷酸二氢钾、硝酸磷肥等，特点是肥效快，但在土壤中易退化为弱酸性或难溶性状态。弱酸溶性磷肥包括钙镁磷肥、脱氟磷肥、沉淀磷肥等，不溶于水，但可与根系分泌出的有机酸相互作用；在土壤中可移动性很小，不会造成损失。同时，多数弱酸溶性磷肥具有良好的物理性状，不易吸湿、不易结块。难溶性磷肥主要指磷矿粉和骨粉，不溶于水及弱酸，后续肥效时间长。

②西葫芦磷素不平衡症状及防治 早春地温低磷肥施用量少，西葫芦易出现缺磷症状，西葫芦植株表现为生长迟滞矮化，叶片小而硬，颜色深绿，叶片平展并微向上挺，老叶有明显的暗红色至褐色斑点，极易脱落；缺磷严重时，植株停止生长。磷肥施用过量时，植株矮小，叶片肥厚而密集，叶色浓绿，瓜早熟。缺磷时，可于叶面喷施 0.2% 磷酸二氢钾或 0.5% 过磷酸钙水溶液应急。

（3）**钾肥** 钾可促进糖代谢，也相应促进了油脂的形成。钾参与糖类、蛋白质与核酸等生物化学过程中酶的活化，对植物生长发育起着重要的作用。钾还促进光合作用中酶的活性，促进光合产物的形成和转移。所以，施用钾肥能明显提高植物产量，改善作物的品质。钾可以提高植物的抗寒、抗旱、抗盐碱、抗病虫害的能力，因此在不正常的气候条件下，施用充足的钾肥，可提高植物对逆境的抵抗力。

①钾肥的种类及特点　目前，市面上钾肥种类较多，如硫酸钾、氯化钾、磷酸钾、硝酸钾、钾钙肥、钾镁肥、草木灰、窑灰钾等，其中硫酸钾属于化学中性、生理酸性肥料。若大量施用钾肥，应同时增施有机肥料，防止土壤板结；若在酸性土壤中施用硫酸钾应增施石灰，以中和酸性。硫酸钾可以作为基肥和追肥使用，作基肥时，应注意施肥深度；作追肥时，则应注意早施，集中条施或穴施到植物根系密集处有利于根系对钾的吸收。草木灰中钾主要以碳酸钾的形式存在，其次是硫酸钾和少量氯化钾。草木灰中的钾都为水溶性钾，有效性强，但易随水流失。草木灰中的碳酸钾是弱酸强碱盐，溶水后呈碱性，即草木灰是一种碱性肥料，因此不能与铵态氮肥、人粪尿、厩肥等混合施用，以免引起氮素挥发。

②西葫芦钾素不平衡症状及防治　生产上施用有机肥和钾肥不足会造成土壤缺钾，或早春地温低时施氮肥过多等也会造成西葫芦缺钾，缺钾症状主要表现为植株生长缓慢，节间缩短，叶片变小，叶片呈青铜色，向下卷曲，叶表面叶肉组织凸起，叶脉下陷，症状从老叶逐渐转移至新叶。果实易形成细腰或尖嘴瓜。然而，施用过量钾易会抑制西葫芦对镁、钙的吸收，影响各种离子间的平衡，最终影响西葫芦的产量和品质。针对缺钾症状，在整地时施足有机肥作为基肥；在西葫芦生殖生长期，施足钾肥；也可以叶面喷施 0.2%～0.4% 磷酸二氢钾等应急。

（4）中量元素肥料

①硫　硫参与几乎所有的蛋白质的合成。

缺硫症状常出现在植物顶部较幼嫩生长点的部位。常用的化学硫肥主要包括普通过磷酸钙、硫酸铵、含硫微肥等，以及一些含硫农家肥。硫施用量应依据土壤、作物间供需矛盾大小确定。一般而言，若土壤有效硫低于16毫克/千克，施硫才会有效果；若有效硫大于20毫克/千克，施硫一般无增产效果。

②钙　钙促进细胞正常分裂，钙还维持生物膜的稳定性同时还可以将作物体内代谢过程产生过多且有毒的有机酸中和，维持植物体内环境的稳定。钙还是一些重要酶类的激活剂。

西葫芦缺钙时，上部叶稍小，向内侧或向外侧卷曲。严重时，叶脉间组织除主脉外全部失绿，生长点附近的叶片叶缘卷曲枯死，呈降落伞状。在水分充足条件下，施用含钙物料同时避免大量施用钾肥和氮肥。缺钙时，也可以用0.3%氯化钙水溶液叶面喷洒以应急。

③镁　参与叶绿素的合成，同时参与许多化合物的合成及作为酶的催化剂。镁肥的肥效主要由土壤有效镁的供应、发育时期、施肥技术、环境条件等因素决定。目前，由于复种指数提高，其他氮、磷肥料的施用量增多，植物缺镁现象加重。

西葫芦缺镁时，叶脉间呈斑点状失绿黄化，严重时连成块状，叶片僵硬且脆，叶脉扭曲，常过早脱落。若土壤有效镁含量小于40毫克/千克就需要施用镁肥。严重时，可喷洒七水硫酸镁，每隔1周喷1次，连喷5次。根外应急喷施硫酸镁的浓度为1%～2%，每公顷喷375～750升溶液。镁肥施用不宜过多，以免引起多种营养元素失衡而影响作物正常生长发育，导致作物产量与品质的降低。在选择镁肥品种时，应考虑土壤酸碱性的问题，在接近中性或微碱性土壤宜选择硫酸镁或氯化镁肥料。

（5）微量元素及微肥　微量元素含量与土壤质地、土壤有机质含量有关。当土壤有机质含量高时，微量元素的含量相应较多。

①硼　集中分布在茎尖、根尖、叶片和花等器官中。硼以B（OH）$_3$形态被植物吸收，硼难以再利用。当植物体缺硼时新生部位首先产生缺硼症状，而当供硼过量时，硼首先在老组织中

积累，出现中毒症状。硼能促进碳水化合物如糖类的合成和运输，提高作物的结实率和坐果率。硼可以促进花粉萌发和花粉管伸长，还有利于提高植物的抗寒、抗旱能力。西葫芦缺硼时，植株矮小，节间短粗，生长点发育不良，茎和叶柄肥厚，根系发育不良，生育期推迟，果实易发生纵裂，果肉出现褐色斑点等。硼肥主要有硼酸、硼砂、硼镁肥等。

②锌　主要分布在植物的幼嫩部位。锌除参与生长素的合成，还是多种酶的成分，能促进植物的光合作用。西葫芦缺锌时，叶片变黄失绿，节间缩短，植物矮小，生长不良，产量降低。锌肥主要有硫酸锌、氧化锌、氯化锌、碳酸锌等。

③锰　锰在植物体中的性质异常活跃，参与许多生理生化反应。西葫芦缺锰时，首先在新叶叶脉间失绿黄化，叶脉及周围保持绿色。严重时，首先在叶脉间出现黑褐色斑点，最后斑点逐渐扩展布及整个叶片。锰肥主要有硫酸锰、氯化锰。

④铁　铁不仅是组成叶绿素的主要成分，植物体生化反应都有铁的参与。同时，铁还是固氮酶的成分，因此缺铁时植物光合作用受到影响。西葫芦缺铁时表现在幼叶叶脉间失绿黄化，而叶脉仍保持绿色。缺铁严重者，嫩叶完全失绿，以致整个叶片呈黄白色，而老叶仍保持正常的绿色。铁肥主要有硫酸亚铁等。

微量元素肥料的使用方法很多，可以作基肥、种肥、追肥直接施入土壤，也可以直接对种子浸种或根外施肥。微肥施用时应结合土壤地理条件、植株发育时期等具体情况，采用不同方法。拌种法具体操作：将水溶性微量元素肥料配成溶液，一般每千克种子用肥 0.5～1.5 克，水与种子的重量比为 1：10，均匀喷洒到种子上，闷堆 3～4 小时，阴干后备用。浸种就是将种子置于配制好的微量元素溶液，所用浓度一般是 0.1～0.5 克/千克，时间为 12 小时左右。蘸根的具体做法：将适量的微量元素肥料与优质有机肥料加水制成稀糊状，在定植前把幼苗根部浸入数分钟后定植。叶面喷施微量元素的常用浓度为 0.1～2 克 / 千克，这种方式节约肥料、肥效快，但是作用时间较短。由于植株缺乏微量元素会出现特定症状，因此及时补充微量元素对缓解缺素症状很关键，但施用微肥一定要综合考虑缺素程度、土壤类型质地、有效态微量元素的含量、植株发育时期等因素，配合其他肥料适时、适量施用。

（6）复混肥料　复混肥料是由两种或两种以上的单质肥料经过化合或直接混合而成的肥料。其中，二元复混肥指含有氮、磷、钾三要素中任何 2 种的肥料，如磷酸铵、硝酸钾、磷酸二氢钾等；三元复混肥料指含有氮、磷、钾三要素的肥料，如铵磷钾肥、硝磷钾肥等。多元复混肥是指在两元或三元复混肥料的基础上，添加中、微量元素的肥料。此外，在普通复混肥料中添加植物生长调节剂、抗病虫农药等成分的称为多功能复混肥料。复混肥料包括复合肥料和混合肥料 2 种。复混肥料与单质肥料相比，具有养分种类多、含量高、物理性状好的优点，但是也存在缺点，如成分比例固定，不能满足植物多样化需求及多样化施肥方式。

复混肥料的施用应根据土壤供肥水平，植物种类、生长发育阶段及肥料种类选择合适的复混肥料品种及相配合的施肥方式。

施肥注意事项：化肥和农家肥应配合使用，这样植物产量高、品质好，土壤理化性质好，成本降低。酸性肥料与碱性肥料不能混合施用，如过磷酸钙不能与草木灰、石灰氮、石灰等碱性肥料混用；因过磷酸钙含有游离酸，呈酸性反应，而上述碱性肥料含钙质较多，若二者混合施用，会引起酸碱反应，降低肥效，又会使钙固定磷素。钙、镁、磷肥等碱性肥料不能与铵态氮肥混施，因为碱性肥料与铵态氮肥如硫酸铵、碳酸氢铵、氯化铵、硝酸铵等混施，会导致和增加氨的挥发损失，降低肥效。人畜粪尿等农家肥不能与钙镁磷肥、草木灰、石灰氮、石灰等碱性肥料混用，因为人畜粪尿中的主要成分是氮，若与强碱性肥料混用，则会被中和而失效。另外，未腐熟的农家肥不能与硝酸铵混施，因为未腐熟的农家肥要经过分解腐烂后才能被作物吸收利用；若与硝酸铵混施，未腐熟的农家肥在分解过程中氮素会损失，所以不能同施，否则二者氮素都会受损，降低肥效。

化肥不能与根瘤菌肥等细菌肥料混施。因为化肥有较强的腐蚀性、挥发性和吸水性，若与细菌肥料混合施用，会杀伤或抑制活菌体，使肥料失效。碳酸氢铵不能与草木灰、人粪尿、钾氮肥混施；硫酸铵不能与氨水、碳酸氢铵、草木灰混施；硝酸铵不能与草木灰、氨水、鲜厩肥混施。氯化铵和过磷酸钙不能与草木灰，钙、镁、磷肥等混施。

长期单一使用化肥，会造成土壤肥力下降，作物产量和质量下降，破坏生态平衡，造成环境污染。化肥和农家肥配合使用，可以改善作物营养，提高土壤肥力，降低施肥成本，提高施肥成效，提高作物产量和质量，减少环境污染。两者取长补短，缓急相济，一般认为化肥和农家肥比例在7：3到3：7范围内效果较好。

肥料尽量购买大型企业、市场占有率大的产品。肥料是商品，所以按照标准化法的要求，每种产品都要有自己的产品执行标准，标准分四个水平：国、行、地、企业，标准又分国家强制性标准和推荐性标准，标准分类分别为：国家标准（GB）、行标（NY或HG）、地标（DB/）和企标（Q/）。肥料产品的包装必须印有标签或附有使用说明书。肥料标签或使用说明书应用中文载明下列内容：产品名称、通用名，生产厂名和厂址；肥料登记证号和生产许可证号的标记、编号和批准日期；产品标准的代号、编号和名称；产品有效成分的名称、含量及其净重量（或容量）和剂型；适用植物和区域，使用方法和注意事项；生产日期、产品批号和有效期。分装的肥料产品还应标明分装单位的名称及其地址。产品标签或使用说明书内容应清晰、准确，应与肥料登记

证和生产许可证确定的内容相符。

（三）平衡施肥技术

基肥通常是指西葫芦播种前或定植前施入田间的肥料，一般有粗肥和细肥之分。粗肥多数为厩肥、堆肥等，一般在深翻土地前撒施并均匀翻入种植的土地。细肥一般指各种油饼、化肥等，定植前进行条施或穴施。追肥是基肥的补充，以条施、顺水冲施、穴施等为主。施肥前，应根据植株生长情况、发育时期，土壤理化性质，肥料的养分含量、溶解度、酸碱性、副作用，肥料混合后的相互作用等因素进行综合考虑，以充分发挥肥料的经济效益。

1996年国家将配方施肥改称为平衡配套施肥。平衡配套施肥是在施用农家肥、秸秆还田培肥地力的基础上，根据目标产量需肥量，土壤供肥能力，肥料效益，科学地搭配氮、磷、钾肥及微肥，提出合理的施用时期、方法，达到高产，同时提高土壤肥力的目的，是农业部"九五"期末"沃土工程"的重要内容之一。测土是为了了解当地土壤中氮、磷、钾三大元素和一些微量元素的含量，缺什么补什么，针对性地补充土壤中含量偏低的元素，做到不浪费。配方是在测土的基础上决定的，前期测土后得知土壤中各个元素的含量后针对当地土壤制定合适的配方，以补充平衡土壤中缺少的元素。

1. 养分平衡法　根据西葫芦需肥量和土壤供肥量之差，计算达到目标产量所需的施肥量，方法较为简单。该方法是以土壤养分测定值来计算土壤供肥量，再按下列公式计算肥料需求量：

$$施肥量 = \frac{西葫芦单位产量养分吸收量×目标产量-土壤养分测定值×0.15×校正系数}{肥料养分含量（\%）×肥料当季利用率（\%）}$$

式中：西葫芦单位产量养分吸收量×目标产量＝作物吸收养分量。

$$土壤养分测定值× 0.15 ×校正系数＝土壤供肥量$$

土壤养分测定值以毫克／千克表示，0.15 是土壤耕层养分测定值换算成 667 米^2 土壤养分含量的系数，即一般把 0～20 厘米厚的土层看成植物营养层，该层每 667 米^2 土重为 15 万千克。土壤测定值换算成每 667 米^2 土地耕层土壤养分含量的计算方法是：150 000（千克土）× 1/1 000 000 ＝ 0.15。

校正系数：表示土壤测定值和作物产量的相关性。

$$校正系数＝空白区产量 × 西葫芦单位产量吸收养分量$$

例如：某农户西葫芦每 667 米^2 的目标产量为 5 000 千克，测定土壤速效氮含量为 300 毫克／千克、速效磷含量为 100 毫克／千克、速效钾含量为 300 毫克／千克，求需肥量。需肥量为：西葫芦吸收养分（氮）量＝0.0047（每千克西葫芦大约需氮量）× 5 000 千克＝23.5（千克）

土壤供肥量＝300 × 0.15 × 0.45（校正系数）＝20.25（千克）

施尿素量＝（23.5–20.25）/（0.46 × 0.50）＝14.13（千克）

同理，可求出所需磷、钾肥量。

该法的优点是概念清楚，容易掌握；缺点是土壤测定值是一个相对量，因为土壤养分处于动态平衡中，还要通过试验取得校正系数来调整，而校正系数变异性大，很难准确。

（四）设施二氧化碳气体施肥技术

二氧化碳是植物进行光合作用的主要原料，二氧化碳充足与否直接影响产量及品质，但它不能替代氮、磷、钾等肥料，只有在施足基肥的基础上才能发挥植株更大的增产作用。由于日光温室的环境相对密闭，生产上为了保温，放风时间较短，使得温室内气体不能与外界自由交换，所以温室空气中二氧化碳的含量呈现有规律的"U"形变化，早上揭苫之前最高，一般在中午前后达到最低值，之后随着光合作用的减弱、呼吸作用增强等原因，二氧化碳的浓度逐渐升高。二氧化碳饱和点是最适宜浓度。建议日光温室西葫芦生产中二氧化碳的浓度在800～1 000毫克/升。二氧化碳施肥应集中在冠层、温室中部稍前位置为宜。西葫芦可在雌花着花、开花或结瓜初期开始施用二氧化碳，而在开花坐果前不宜施用，以免植株营养生长过旺造成落花落果，并且要连续施用效果才显著。产品器官形成初期是二氧化碳施肥的最佳时期，如西葫芦坐瓜7～15天的时期。从季节看，二氧化碳施肥以冬季比春季好。一天中二氧化碳的适宜施肥时间，研究认为，上午在较高温度和强光下增施二氧化碳，利于光合作用制造有机物质；而下午加大通风量使夜间有较低的温度，增加昼夜温差有利于光合产物的运转，从而加速作物生长发育与光合有机物的积累。施用时间一般为晴天日出后0.5～1小时，停用时间为放风前半小时。每天保证2～3小时的施用时间，就不会使植株出现二氧化碳饥饿状态。阴天、雨雪天或者气温较低时不需要施用二氧化碳。增施二氧化碳的主要方法有以下几个方面。

1. 燃烧法　通过燃烧丙烷、丁烷、酒精和天然气等碳氢燃料的方法生成二氧化碳，滤去杂质气体二氧化硫等，启动循环风机的同时将较纯净的二氧化碳排放到温室中。

2. 化学反应法　利用碳酸氢铵与硫酸在特制容器内反应产生二氧化碳，用带孔的塑料管输送到温室内各处进行施肥，这样既增加了温室的二氧化碳，产生的硫酸铵溶液用水稀释100倍后又可作追肥。优点是可控性好，操作简单。

3. 固体二氧化碳气肥法　固体二氧化碳颗粒气肥，物理性状良好，化学性质稳定，肥效期长。开 2～4 厘米的深沟，撒入颗粒肥埋土 1 厘米厚，一般一次施 30～50 千克 /667 米^2。气肥施后 1 周开始释放二氧化碳，有效期可达 40 天。

增施二氧化碳只是作物管理中的一种辅助增产措施，不能忽视肥水的管理。只有在基肥、追肥、水分、温度、光照能够满足西葫芦正常生长的基础上，配合施用二氧化碳肥料，才能达到丰产、增产的目的。从调控设施的气体环境考虑，应该经常将设施的通风门窗打开，以排除有害气体、换入新鲜气体。在一天中日出后 30 分钟，设施内二氧化碳浓度逐渐下降，棚内温度达到 15℃时施用二氧化碳比较合适。追施二氧化碳时最好封严棚膜，增加二氧化碳利用率。在棚室内设好分布均匀的反应点，使二氧化碳在棚室内分布均匀，并随着植株的生长适当地调整位置。掌握好二氧化碳与环境的关系，切记不要为延长补充二氧化碳的时间而推迟放风，使室温过高而阻止二氧化碳的扩散，达不到补充的目的。使用二氧化碳发生器时一定要严格按照使用说明操作，防止发生意外。

八、防植株徒长技术

西葫芦生产过程中植株徒长是菜农常常要面对的问题。想获得满意的产量，就需要平衡西葫芦的营养生长和生殖生长。

1. 徒长原因　一是西葫芦品种。目前，市场上西葫芦品种趋向于半蔓生及蔓生品种。植株株型较大的品种，生长势强。二是基肥和追肥施入量，苗木种植密度，以及植株所处环境条件等综合作用的影响。温度较高，肥水充足，出土不久的幼苗表现为下胚轴细长，植株表现为节间拉长。

2. 防止方法　第一，要明确种植的品种的特征特性进行配套栽培。在确定栽培方式后，根据品种的株型来决定西葫芦的栽培

密度。相对矮生的品种与半蔓生的品种或蔓生品种，瓜码密品种与瓜码疏品种应有不同。

第二，有效施肥。在地温高、水分足的条件下，要合理控制水肥，勿使施肥过量，造成茎叶徒长。

第三，是在设施栽培中，出苗时遇高温多晴天气，要合理通风排气，降低室内温度。具体为当芽子大量拱土及出齐苗时，改为昼夜温差管理。出苗后，秧苗要见光，适当降低夜温，白天多见光继续控制植株徒长。定植后调控室内温度低于30℃，白天25℃～30℃，夜间13℃～15℃。缓苗后白天20℃～25℃，夜间12℃左右，控制夜间温度，加大昼夜温差。

第四，有条件的情况下合理使用药剂防控。在设施栽培与秋露地生产大量喷洒农药前，要做好前期试验，确定准确的药剂浓度和使用剂量，避免药剂浓度过大使植株生长点产生药害，并造成植株早衰。一般情况下，药剂不建议连续使用。药剂类型有矮壮素、多效唑等。设施栽培中植株节间长度一般控制在2厘米左右。

九、节 水 灌 溉

渗灌即地下灌溉，是将渗水管道埋于地下一定深度，利用地下管道将灌溉水输入田间，借助土壤毛细管作用湿润土壤的灌水方法。

滴灌是利用塑料管道将水通过直径约10毫米毛管上的孔口或滴头送到作物根部进行局部灌溉的方法。通过低压管道系统与安装在毛管上的灌水器，将水和作物需要的养分一滴滴均匀而又缓慢地滴入西葫芦根区土壤中的灌水方法。

渗灌与滴灌优点：使土壤湿度、空气湿度较低，减轻了病虫害传播。渗灌、滴灌为植株根系提供了良好的生长发育环境，增强了根系的吸收能力，使植株营养生长旺盛，为后期产物形成以及产量增加提供了物质基础。同时，由于滴灌和渗灌在植株根部或是土壤中进行，可以有效防范白粉病、灰霉病等病虫害。此外，鉴于西葫芦需肥量大且比较耐肥的特点，结果盛期即为其养分吸收盛期，渗灌和滴灌能够在减少水传病害的同时进行灌水与速效性肥料的根外追施，有利于实现结果产量的最大化。

方法：安装滴灌设备在畦中间处铺设滴灌管或滴灌带，间距70厘米。然后覆盖地膜，一膜覆盖2行，之后打孔。或选择120厘米宽的地膜，滴灌带采用侧翼迷宫式滴灌带，一膜铺一根滴灌带。顺地埂走向起垄铺膜。

十、日光温室内环境因子的调控

（一）温度调控

西葫芦设施栽培中，要在其不同生育时期提供适宜的温度条件，避免种植棚温度调节不当使植株产生冻害、冷害、高温危害。植株徒长等情况的发生常会带来产量的极大损失。

1. 低温调控　西葫芦低温危害主要表现在冻害、冷害等影响植株生长和正常结瓜方面。冻害如霜冻灾害，主要表现为西葫芦植株体内的水分结冰，轻者仅有部分叶片受冻，重者心叶和叶片死亡。冷害主要指西葫芦植株较长时间在低于其最适温度下生长，或0℃以上低温，或最低气温低于5℃以下生长，症状为植株不长或生长缓慢、落花落果、产生畸形瓜等现象。在贮藏时，由于西葫芦为冷敏感性蔬菜，为预防冷害发生，所以果实要在10℃以上贮藏。

对低温危害的温度调控主要措施有：根据当地的地理纬度、气候和地形条件来修建保温性强、易于通风换气的温室。室外在温室南屋面底角下挖防寒沟，增设防寒裙，晚上立起，白天放下。棚膜上覆盖棉被毯及草苫等。在大棚后坡和后墙处堆放作物秸秆、保温材料，后窗里填充稻草。室内进门入口挂厚门帘，室内植株多层覆盖。在温室内，靠近棚膜处再拉几道铁丝，在其上挂一层无纺布或塑膜，与棚膜之间的距离为15厘米。天幕白天拉起，傍晚时放开。植株在幼苗期要适当地进行低温锻炼，提高其抗逆能力。高垄进行地膜覆盖，提高地温。喷洒防寒药剂，如寒流到来之前喷施葡萄糖和尿素液（每15升水加葡萄糖25克、尿素20克），每5天喷1次，连喷2～3次。在连阴雨雪天时，棚温比晴天要低3℃～5℃，同样要保持一定的昼夜温差。

2.高温调控　高温危害主要表现在育苗出芽时，中午阳光强烈，膜下温度升高到40℃以上，膜下高温灼烧生长点，或在30℃以上高温条件下，植株生长缓慢并极易发生疾病使叶片叶脉间产生黄斑，叶色变白或呈黄褐色，受害严重的叶片干枯或死亡等。

对高温危害的温度调节措施主要有：一是施用充分腐熟的农家肥。二是及时通风，通过调节通风口的大小、防风口的位置，以及防风时间的长短来调控棚室内的温度，防止高温烧苗。三是发现土壤干旱缺水时要及时浇水，或在植株上适量喷水，提高土壤中的含水量和增加空气中的相对湿度，保持土壤湿润。四是在温度过高、又不易通风降湿时，可遮阴降温，如在棚室上合理利用遮阳网等设施来进行生产。

（二）湿度调控

西葫芦高湿危害主要表现在病害发生相对较多。高温、高湿易使西葫芦植株徒长。高湿时更易增加雾气弥漫时间，不利于植株生长，使多种西葫芦病害发生及蔓延。低温、高湿又易诱发沤根等病，使植株吸水困难，出现萎蔫。

湿度调控主要措施：一是设施栽培区域应选择在生态环境良

好，排灌条件有保证，并具有可持续生产能力的农业生产区域；不宜建造在地下水位高的地块。二是依据西葫芦不同生育阶段对湿度的要求和控制病害的需要，最佳空气相对湿度的调控指标是缓苗期80%～90%、开花结瓜期70%～85%。三是应视设施的室外气候条件通风换气。浇水可在晴天的上午进行，以便外界气温升高或中午通风排气时排出多余的湿气。土壤湿度过大时，应及时中耕，疏松土壤，促使过多水分蒸发，提高地温。四是根据外界天气情况，决定浇水、浇水量和浇水次数。采用膜下滴灌或暗灌进行。五是可通过临时加温措施，在外界气温太低或湿度太高时降低室内的空气相对湿度。有条件的可增施二氧化碳。冬春季节棚内应补充二氧化碳，使设施内的浓度达到800～1000毫升/米^3。

（三）光照调控

西葫芦生产光照不足主要表现在植株抗病性减弱。

光照调控主要措施有：一是日光温室建造要选择好方位，尽量采用支柱少或无支柱的温室结构，以减少支柱遮阴。二是采用透光性好的温室薄膜，如PO膜。每天及早清除棚膜上的碎草、清除灰尘等，或利用悬挂布条的方法去除棚膜尘土，具体为每10米布条重量100克左右，宽4～10厘米，厚0.02～0.04厘米。将布条的一端固定在日光温室顶部，另一端固定在放风口上，布条长度适当长于两端距离长度。三是适时揭盖草苫。揭盖草帘的时间以温度作为参考标准。早晨阳光射向温室后揭开草苫，虽室温下降1℃～2℃，但能很快开始上升。如遇到雨雪天气，尽可能在中午时分揭开草苫见光，只要温室室温不下降，要尽可能延长见光时间。在连阴天后骤晴，若揭开草苫后光照强，则要采取回苫措施。其方法是棚室内温度骤升，叶片出现萎蔫现象，发现叶片萎蔫时立即把草苫放下，过一段时间，叶片恢复后再揭开草苫，叶片再次萎蔫时再放下草苫。轻者一到两次即可，重者需要反复几次，直到叶片不再萎蔫为止。萎蔫比较严重的，可用喷雾器给叶面喷洒清水增加温室湿度，促进根系吸收水分后再覆盖草苫。四是及时撤除室内的天幕、小拱棚等。在温室的北墙悬挂外层覆有塑料薄膜的聚酯镀铝反光膜，以增加室内光照强度，有效提高温室后部的光强度。在育苗期遇连阴天，可在每天上午9～10时用日光灯进行补光。当温室室内温度超过西葫芦生长适温范围而放风仍不能降温时，就需要采取遮阴措施。冬季连续阴天时，定植后的植株通过日光灯补充光照的方法是在温室中部东西向拉一条线，把日光灯挂在距西葫芦顶端60厘米处，每天上午9～11时补充3小时光照，可防止连续阴天对植株造成的危害。五是及时整枝，摘除老叶、病叶；减少遮阴，节约植株养分；减少病害发生，使西葫芦植株能合理生长、健康生长。

（四）气体调控

西葫芦设施栽培中因施肥不当，温度、湿度等调节不合理，产生的如氨气、一氧化碳、二氧化碳、亚硝酸等有害气体常对西葫芦植株的生长发育产生危害。如西葫芦受氨气危害主要表现为叶缘组织先变褐，后变成白色，严重时枯死。一氧化碳和二氧化碳危害主要表现为叶片出现白色或褐色斑点，严重时枯死。

气体调控主要有：一是科学施肥、安全加温、及时通风换气等，具体为加强观测，及时放风。可在每天早晨放风前，用pH试纸测试棚膜上的露水，若呈碱性，表明室内有氨气产生，需及时放风。二是施用完全腐熟的有机肥，在冬季不宜使用碳铵、硫铵、尿素等化肥。在施用化肥时不可一次性大量施用。三是安全加温。炉体和烟道设计要合理，加温过程中烟道要畅通，安装要密闭，选用优质低硫煤，加强加温管理，防止倒烟。四是选用优质安全的塑料棚膜，如聚乙烯膜或质量可靠的聚氯乙烯膜等。

（五）土壤盐类积累防治

土壤盐类积累的原因：一是生施人畜粪尿、偏施某一肥料及施用量较大。二是设施中土壤受雨水冲刷极少、温度相对较高，土壤水分被植株吸收及本身蒸发量较大，使地下水中的盐分被带到耕作层而累积，易造成盐类积累。西葫芦生产上的土壤盐类积累主要表现在西葫芦生长发育障碍，植株生长矮小，叶色呈深绿色，有闪光感；严重的叶色变褐，直至枯死。

土壤盐类积累的预防方法主要有：一是适当增施腐熟有机肥，提高土壤有机肥含量。二是根据土壤养分状况和西葫芦需肥量，选择肥料种类及施肥方式，正确确定施肥量，搞好平衡施肥，避免多年施用同一种化肥，尽可能施用含副成分少的肥料，忌施未腐熟的人畜粪尿。三是在夏季倒茬空闲时，雨水或大水漫灌使盐分通过保护地附近的排水沟顺水排走。夏季不揭顶膜的地块，在换茬闲置时，进行棚内清水灌溉，在棚内形成3～5厘米深的水层，待土壤盐分充分溶解后，将水从排水沟中排出。四是地膜覆盖，滴管膜下灌水。五是深耕土壤，加强中耕松土，防止盐分过于集中造成危害。

十一、西葫芦授粉技术

西葫芦属雌雄同株异花，花单生，虫媒异花授粉。在不同季节、不同品种之间雌雄花开放时间有差异。

（一）采种或生产嫩瓜中的人工授粉

去除母本雄花，在上午10时前，用父本当天开放的雄花花粉给当天开放的雌花授粉。或生产嫩瓜时用同株雄花，方法是摘下雄花，去掉花瓣，一手拿雄花的花柄，一手轻轻拿住雌花的花

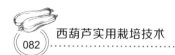

瓣，将花粉对准雌花的柱头，轻轻摩擦，使柱头授粉均匀。成熟花粉的辨别为花粉散出，用手在雄花柱头轻轻抹一下，手上沾有黄花粉。设施栽培有时花粉变湿，须禁用。在阴天、雪天、雨天，花粉不能正常散开时，可适时延后授粉，但授粉最好在上午10时以前完成。

（二）蜜蜂辅助授粉

蜜蜂作为社会性昆虫常常是以主要的传粉者出现。家庭成员有蜂王、工蜂和雄蜂。

大棚西葫芦采种蜜蜂授粉方法为大棚面积在 400 米²，西葫芦种植 800～1 000 株，授粉蜜蜂配置量可在 3 000 只左右。每天确定访花蜂量达 300 只（即配置蜂总量的 1/10），才能满足授粉的需要。蜂量计算是 1 框蜂或 1 脾蜂（标准巢框规格为 448 毫米×232 毫米）的两面均匀爬满蜜蜂，其数量大致为 2 500 只。对采用有王群或无王群授粉的，若需用有王群 1 框蜂，换成无王群则需用 1.2 框蜂。

注意事项：蜜蜂进棚 7 天前，防治蚜虫等害虫。如利用蜜蜂进行采种的，租用的蜜蜂群在蜂箱内关闭 1～2 天，即用纸卷堵住巢门对蜜蜂做"净身"处理；大棚南北走向的，蜂箱摆放在棚内靠北 1/3 处。严禁在蜜蜂授粉期间使用各种农药等，如黄板、阿维菌素等。

（三）免 蘸 花

利用免蘸花保果剂噻苯隆、益果灵等，依棚室条件等合理配制浓度，可节省人力。噻苯隆为新型高效植物生长调节剂。具体使用方法：一般用 0.1% 噻苯隆 10 毫升对水 15 升，喷洒叶面，前期 10～12 天喷 1 次，盛果期 7 天喷 1 次；或益果灵 30 毫升/瓶对水 30 升，每隔 7 天全株喷施 1 次。

注意事项：喷头要和生长点保持在90厘米以上，喷雾要均匀，不要重复。

（四）蘸花处理

利用植物生长调节剂蘸花。一般选择晴天上午7～10时在雌花开放时蘸花。用毛笔的，一瓜一蘸，第一笔快速轻涂柱头一下，第二笔在幼瓜身上由尾部向瓜把方向轻抹一笔。只涂一次，不可重复涂抹。也可直接涂抹雌花柱头。

注意事项：要坚持使用正规厂家生产的合格产品，按说明应用。对某些能促进坐果的新产品，要先试用，效果好且掌握了使用方法后，再大面积使用。严格掌握用量，不可超量使用。在蘸花过程中，要留心观察，避免配制的浓度过高或过低，配制的浓度过低或蘸药太少，瓜坐不住。配制的浓度过高或多蘸又会抑制幼瓜生长，形成瓜把粗、顶端细的畸形瓜。如果发现有上述情况都应及时调整蘸花方法和浓度。一般温度高时，配制的浓度宜小；植株长势较弱时，配制的浓度宜小。用毛笔蘸花时要细心操作，药液不可过多，防止把药液滴在叶片或生长点上，造成危害。每次蘸花后要盖严容器，防止因水分蒸发导致药液浓度增高。在配制的激素液体中，最好加入标记色，如红色等，以免再次涂抹。

十二、套袋技术

此法引自韩国。优点是操作简单易行，大小统一，外观整洁，干净卫生，减少农药污染，可有效避免常规运输过程中发生的损伤，且耐储运，易收藏，是提高西葫芦商品价值的保护性生产技术。山东省在日光温室、大棚西葫芦生产中已应用此项技术，且比较成熟。

套袋专用袋选择：聚乙烯膜袋，或柔韧性好、透气性强的食

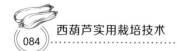
品包装纸，或果品套袋专用纸。

套袋时间：一般冬季或早春弱光时选用聚乙烯膜袋，春季强光高温下选用纸袋。授粉后 1～2 天，选择果型、长势良好的幼果套袋。

套袋方法：套纸袋时，先将袋体和通气孔撑开，手执袋口下 2～3 厘米处，然后将果袋套在果实上，套口紧贴果柄，左手捏住袋口的一边和果柄，右手把袋口折皱。于丝口上方的连接处撕开，将捆扎丝沿袋口旋转一周，扎紧袋口。捆扎时应注意不能捏伤幼果或果柄，把幼果放在袋子的中央，使袋体保持宽松状态，以利于果实生长发育。

注意事项：使用低毒、低残留农药和生物农药。及时采收。

第四章

西葫芦不同栽培模式的管理要点

一、中、小拱棚早春早熟西葫芦生产管理要点

（一）中棚内的小气候特点

中棚除了跨度比大棚小，高度比大棚低外，温、光条件基本同大棚。晴天棚内温度上升快，夜间温度下降得也快。由于空间较小，空气热容量小，气温不如大棚稳定，气温变化幅度大。可以通过覆盖草苫进行棚外保温，保温效果比大棚好。按东西方向建造，南北侧光照差异较大。

（二）早春小拱棚栽培小气候特点

小拱棚体积小，结构简单，材料方便，容易建造。小拱棚表面积比较大，采光好，棚内白天升温快，夜间降温也快。小拱棚易受外界条件影响，存在明显的季节温差和极显著的昼夜温差，比较容易造成高温危害，也比较容易产生低温冷害或霜冻危害。一般能比露地栽培提早上市 10～20 天。

（三）生产管理要点

1. 选择优良品种　选用早熟、耐低温、结瓜性能好、膨瓜速度快、抗病毒病强、丰产的品种，如对白粉病较强抗性的品种更好。

2. 培育壮苗　为了早春取得较好的收入，及获得较高的产量，在能够满足西葫芦生长的最低温度条件下，可适期提早播种育苗。华北地区一般2月中旬至3月中旬育苗，3月中下旬至4月初定植，4月中旬至6月份为西葫芦主要上市时间。

西葫芦生产关键是培育壮苗，防幼苗徒长。营养钵育苗，壮苗的标准是苗高20厘米左右；叶片墨绿而厚；已出现雄花；土方外密布须根。穴盘育苗（50孔），壮苗的标准是真叶一叶一心或两叶一心，叶壮，土方外密布须根。为了使商品提早上市，可用穴盘育苗（32孔）或10～12厘米的营养钵育苗，适当加大苗龄，在幼苗4～5片叶时定植。

浸种催芽，待芽长0.2～0.4厘米时再播种，或放入清水以备播种。

在日光温室利用营养钵育苗的，播种至出苗温度宜控制在白天25℃～30℃，夜间18℃～20℃。出齐苗后注意放风，适当降低苗床温度，控制在白天20℃～25℃，夜间10℃～15℃；定植前7天左右进行低温炼苗，白天15℃～25℃，前3～4天可保持在10℃左右。苗期一般不浇水、施肥。定植前喷药以防治蚜虫等害虫。穴盘育苗（50孔）的，由于育苗时间短，所以一定要在出齐苗后、定植前做好炼苗工作，以防幼苗种植后植株受损害重，缓苗时间长。

3. 提早扣棚，加强定植后管理　冬前深耕，早春化冻后进行耕翻，同时每667米² 施优质腐熟有机肥5000千克、磷肥50千克，施肥后将土壤耙细整平，使土肥充分混合。垄作或高畦。一般在定植前 20 天左右进行扣棚准备。选用防雾滴农膜，以提高棚膜透光率。当棚内地温升到 12℃以上时定植，扣好棚膜。长江中下游地区适宜定植时间一般在 2 月下旬至 3 月中旬。华北地区定植时间一般在 2 月下旬至 4 月上旬。

品种的植株大型化时，不恰当的密植常会造成植株徒长、结瓜减少、落花落果、瓜易染病等问题。每 667 米² 株数应依不同品种而定，一般品种种植在 1 300～1 600 株。单行种植的可参考畦宽 60 厘米，双行栽培的可参考 110～120 厘米。

由于定植时期的外界天气依然较为寒冷，所以定植时间可选择在温度较好的中午。定植后 5～6 天不通风。定植初期以增温、保温为主。

缓苗后开始从两边揭开薄膜放风，棚内温度控制在白天 25℃左右、夜间 8℃～10℃。随着外界气温的逐渐升高，要随时注意天气预报，加强拱棚外的覆盖或防止室内高温。放风应从小到大，打掉棚上露水，放一侧风或过堂风；然后早揭晚盖，放风时间延长，白天逐渐加大通风口，直至揭掉棚膜。放风时，风口要固定好，以免风口自然关闭，起不到炼苗的目的。

浇缓苗水后，如夜温较低，植株不易徒长的情况下，可以小促植株生长。前期由于雌花开放较早，可人工从别处采花授粉。如人工授粉困难，可在开花时喷洒植物生长调节剂，提高早期瓜的坐瓜率。根瓜长到 6～10 厘米长时，进行水肥管理，随水每 667 米² 施硫酸铵 20 千克。待进入结瓜盛期，外界温度开始升高，浇水施肥一般要每周 1 次，可随水施硫酸铵或粪稀。目前，半蔓生品种增多，所以应进行植株调整，及时引蔓，即让植株茎按同一方向生长，减少光照弱、湿度大引起的病虫害。到植株生长后期，肥水管理要均匀，通过摘除老叶，保护现有叶片，及时防治白粉病、病毒病、蚜虫等病虫害，延长生育期，增加后期产量。

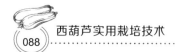
及时采摘根瓜。结瓜盛期要每天 1 次或每天 2 次，确保不坠秧。

二、大棚西葫芦生产管理要点

（一）大棚内的小气候特点

塑料大棚一般用泥水竹木混合结构，或竹木结构，或钢架等做支架，组装成一个整体结构，在内部形成一定的占地空间，一般宽 6 米以上，长 30 米以上，高 1.8 米以上，支架上覆盖塑膜。塑料大棚多数为拱圆形单栋式大棚。山西省长子县李生贵发明的塑料移动大棚采用内撑外压结构，由钢丝替代传统的竹竿、钢梁等材料。装拆方便和抗风能力强的"生贵式"塑料移动大棚是其中的佼佼者，其长度不限，跨度可达 15 米，可因作物调节高低，棚内净面积大且显优势。山东聊城的大棚多层类型的骨架材料为水泥柱和竹竿，据李炳华总结，大棚跨度一般为 7～8 米，少量为 10～12 米，长度多在 30～100 米。边柱和棚间柱均采用厚5～8 厘米、宽 12～15 厘米的水泥柱。边柱 1.5 米间隔一根，高度为 1.7～1.8 米；棚内中间立柱高 2.8～3 米。边柱与中间柱之间用竹竿连接形成拱形。薄膜（顶膜）厚为 0.06～0.07 毫米；在棚内距离棚顶膜下方 30 厘米处覆盖第二层厚度为 0.002～0.004 毫米的薄膜（二膜）；在二层薄膜下方 30 厘米处覆盖第三层膜（三膜），西葫芦多层覆盖栽培有一定的效益。

大棚内温度受外界影响较大。季节温差明显，早春昼夜温差大，如遇寒流降温，棚内温度下降很快，有时植株甚至会出现冻害。晴天昼夜温差大于阴天，阴雨天棚内、外温差不大。一般晴天增温效果明显。地温是随着气温的变化而变化的，特别是浅层地温变化幅度大，增温快。地温变化幅度比气温变化幅度小，比较稳定。早春，大棚内有时出现最低气温短时间低于棚外最低气温的现象。

随着棚内温度的升高，棚内空气相对湿度降低。晴天棚内空气相对湿度小，阴雨天相对湿度大；白天空气相对湿度较低，夜间空气相对湿度较高。棚内的空气相对湿度高是棚内西葫芦一些病害发生的主要原因之一。

（二）早春大棚西葫芦生产管理要点

西葫芦早春大棚栽培，一般比露地提早 20 ～ 40 天。

1. 选好品种　选用耐低温、生长势强、抗逆性强、抗病性强、高产、品质好的西葫芦品种。

2. 提早扣棚　定植前 10 ～ 15 天扣棚暖地。每 667 米^{2}用 45% 百菌清烟剂 1 千克熏烟、闷棚，可有效杀死棚内病菌。在棚内深翻细耙，精细整地，施腐熟农家肥等热性肥料。

3. 培育壮苗　可选用加温温室、日光温室或大棚内设小拱棚并铺设电热线等方式育苗。可用 10 ～ 12 厘米营养钵或 32 孔或 50 孔穴盘进行育苗。浸种催芽：如室内温度适宜种子发芽，也可直接将干籽播种在浇足水分的育苗钵或穴盘中。防止幼苗徒长：定植前 5 ～ 7 天炼苗，白天温度保持在 15℃ ～ 20℃，夜间温度保持在 7℃ ～ 10℃。通风换气，低温炼苗。

4. 确定适宜定植期　避免定植过早，使植株受到寒流或强降温天气影响，造成其生长受阻；定植过晚，影响植株成熟期，导致生产受挫。一般棚内最低气温稳定在 11℃ 以上，棚内表层土壤（10 厘米厚）温度稳定在 13℃ 以上。

5. 科学定植　两层覆盖或多层覆盖：早春大棚种植可棚内覆盖一层地膜，形成两层覆盖；也可多层覆盖，在大棚内覆盖一层地膜再搭架小拱棚，或大棚外加盖保温被。

一般选在晴天上午定植。采用平畦起小垄栽培，垄高 20 厘米，垄宽80～90厘米，单行定植，株距70厘米，每667米²定植1 050～1 100株。为了避免地温大幅度降低，可对定植穴或定植沟浇水，具体方法为：定植前在穴中浇水，待水渗下后，放入苗坨；封穴，然后用湿土把地膜孔封严；覆土后，苗坨与垄面持平；避免大水漫灌。

6. 做好定植后管理　缓苗期，室温白天保持25℃～30℃、夜间15℃～18℃，促根生长。缓苗后，幼苗长出新叶时，未浇缓苗水的，应此时浇水，但宜顺沟轻浇。中耕。结瓜前期，注意外界天气变化，通过合理的通风换气，争取用白天的积温来弥补夜间的低温；有条件的，夜间四周可配备草苫。此时温度控制在白天20℃～25℃，夜间12℃～15℃，防止幼苗徒长。当植株长至5～8片叶时，用多效唑或烯唑醇类植物生长调节剂对植株长势进行调控，防治徒长。待根瓜长至6～10厘米长时，进行追肥和浇水。一般情况，每周浇水1次，每2周追肥1次，产量盛果期增加肥水次数。在西葫芦生长的中后期，应注意防治病毒病和白粉病。

7. 合理通风换气　定植前期，外界温度较低，秧苗较小，管理应以保温为主。上午棚温升至20℃时放风，棚温升至25℃时加大风口。下午棚温降至23℃时，一次性关闭风口。当上午外界气温渐暖，太阳出来气温上升后，一次性打开通风口至要求大小，不使植株受早晨寒冷的威胁，又不使棚内温度高、湿度大。下午太阳落山前一次性关闭风口，以下午棚内湿度已大大降低为前提，达到保温的目的。这一阶段保温、防病同等重要。随着外界温度已高、风季已过，应一天比一天早开风口、晚闭风口。同时，要割开迎风面门的薄膜，达到穿堂大通风。以上措施可以避免或减缓高温、高湿带来的危害，达到防病的目的。多雨之季可终日将风口打开，降低棚内温度与湿度，达到防病、保秧、增产的目的。操作时应注意：阴天照常放风，雨天不放风，连阴雨要换气；旋风、大风来临时闭窗；雨天骤晴时不要一下子放大风；雷阵雨天气要临时闭窗；在烈日同时有大风天气，宜闭侧窗而开天窗；棚内中央比两侧的土壤湿度小，需要多浇水；棚内空气相对湿度经常处于80%～90%，夜间可达100%，需要经常通风降湿；在寒冷的天气，为避免通风降湿时降温过度，宜在棚的两侧边裙的上部通风降温，避免从棚脚将塑料膜掀起通风。

（三）大棚西葫芦秋延迟生产管理要点

大棚西葫芦秋延迟栽培一般可将采收期延后20～30天。

1.品种选择　选用长势强，瓜色翠绿，坐瓜率高，抗病毒病、白粉病能力强，抗逆性强的丰产品种。

2.管理关键　前期防幼苗徒长，防病毒病、白粉虱；中后期防软腐病等。放风口和进门口加装40～60目防虫网，加装60目防虫网时应注意加大放风口。

3.适期播种　华北地区，播种期一般在7～8月。由于大棚西葫芦秋延迟生产常受前茬拉秧早晚的影响，所以及时做好施肥、整地很重要。甜椒复播西葫芦就是其中较为成功的倒茬口。

西葫芦秋延迟栽培一般采用小高垄生产，在地膜上按株行距直接打孔播种。播种可采用干籽直播或浸种催芽后定植的方法。种植前要浇地，使土壤有较好的墒情。挖穴后直接将干籽或催出芽的种子放入穴中，一穴放1～2粒种子，盖上湿润细土。

采用穴盘、营养钵育苗的，在配制营养土时，由于天气炎热，所以可适当减少有机肥用量，避免烧根。此法栽培中，建议利用基质育苗。育苗期应选择在地势较高、排灌水良好的地块，并注意搭遮阳棚等降温、防雨、防病毒病。

下午或阴天栽苗，浇透水，做好锄草等工作，减少杂草危害。前期温度比较高时，用通风口大小来调节棚内温度。棚底脚边膜揭开或四周和顶窗全开，大通风进行降温、降湿，以防植株徒长。追肥时采取少量多次的原则。浇水要选择早晨或傍晚时分。及时进行人工辅助授粉，涂花或喷植株，瓜条达到商品标准要及时采收，加强对白粉虱、蚜虫、病毒病、灰霉病、软腐病、白粉病等的防治。白粉虱危害初期，可用20%灭扫利乳油（甲氰菊酯）2 000倍液，或10%扑虱灵可湿性粉剂1 000～1 500倍液，或40%乐果乳油1 000倍液，或2.5%联苯菊酯乳油3 000倍液，或10%联苯菊酯乳油4 000～8 000倍液，或2.5%溴氰菊酯乳油1 500～2 000倍液，喷雾防治，连喷2～3次。防治中注意联防联治，提高整体效果。化学防治应连续几次用药，喷雾时以早晨为好，先喷叶片正面，再喷叶片背面，使飞起的白粉虱落到叶表面时也能触药而死。软腐病发病初期，可用72%农用链霉素可湿性粉剂3 000倍液，或新植霉素进行喷雾防治。

三、日光温室西葫芦生产管理要点

（一）日光温室的环境特点

日光温室类型较多，主要是在临时补温的设备下或在不加温条件下，通过人工控制，创造适合于西葫芦生长发育环境的保护地设施。其类型和结构因地区略有差异。山东日光温室"V"形棚（SD-V）主要结构参数：日光温室内跨度11米，后跨120～130厘米，前跨970～980厘米，有立柱，脊高420～430厘米，后墙高290～310厘米，采光屋面参考角平均角度23.2°～23.9°，后屋面仰角45°～47°。棚膜一般采用PO膜，或厚0.08毫米的EVA膜，覆盖材料可利用自动卷帘机的3～5厘米厚的保温被等。

日光温室主要靠太阳辐射提高温度和覆盖保温来满足作物对温度、光照等的需求。室内的光照强度与方位、屋面角度、形状、骨架遮阴等温室结构有关，也与薄膜的透光能力及污染、防水滴、老化程度有关。晴天时室内光照强度较外界平缓。在同一时刻、同一位置，从上而下其光照强度分布有差异，表现在靠近前屋面薄膜最强，随着高度的下降呈递减状态，而且递减的速度比室外大。室内的温度包括气温和地温。不同结构的塑料日光温室具有不同的保温性能，室内温度随着太阳的升降和有无而变化。晴天上午揭苫后，室内温度迅速上升，随着太阳的西下，温度逐渐下降。白天太阳光照射地面，土壤把光能转换为热能，以长波辐射的形式射向温室的空间，又以传导的方式把地面的热量传向土壤深层。晚间土壤贮热是日光温室的主要热量来源。地温的变化主要集中在 0～20 厘米的土层中。水平方向上的地温变化，在温室的进口处和温室前部变化梯度较大。

影响温室湿度条件变化的因素主要有灌水量、灌水方式、天气、通风量与加温设备。日光温室的水分包括空气湿度和土壤水分。温室生产期间的土壤水分主要来源于人工灌溉，土壤的积盐比较严重。室内最高空气相对湿度出现在后半夜至日出前。

日光温室的空气组成与露地有较大不同。与光合作用密切相关的二氧化碳浓度的变化规律与露地有明显的区别，提高二氧化碳浓度是越冬茬日光温室生产效益的一项有利补充。

（二）越冬茬西葫芦安全生产管理要点

日光温室西葫芦越冬茬生产是北方西葫芦生产中的一个重要茬口和能产生最大效益的茬口，有许多著名的产区，如山东省临淄区皇城镇、山西省晋中市榆次区东赵乡、山西省长治市长子县、辽宁省朝阳市等。山东省临淄区皇城镇一般 10 月中下旬至 11 月上旬定植，翌年 5 月中下旬拉秧，若市场行情良好，可延续到 6 月上中旬，单株结瓜数达 40 个以上；中后期采收在 500 克以上的大瓜，每 667 米² 产量在 15 000 千克以上，产值 4 万～5 万元。

山西省晋中市榆次区东赵乡一般 10 月上中旬播种，11 月中下旬至 12 月上旬定植，12 月底至翌年 5 月份采收，若市场行情好，采收可延续到翌年 5 月中下旬拉秧；由于市场要求，中后期采收的商品瓜比山东省采收得要小，产量每 667 米^{2}产量在 15 000 千克左右，产值一般 3 万～4 万元。连年种植时，防治西葫芦根腐病成为此茬口必须要面对的问题。增施腐熟的有机肥，提高土壤有机质含量，选择适应性强品种，控制植株徒长，合理进行植物生长调节剂喷洒，防治其他病虫害等应受到重视。

1. 选择适应性强品种、培育壮苗

（1）**适应性强品种**　爬蔓、生长势强，耐低温、弱光，连续结瓜性强，瓜皮翠绿，抗病、高产的品种。

（2）**壮苗标准**　自根苗：苗龄 15～20 天，达到 2 片真叶，子叶完整，下胚轴短粗，叶片肥厚，株型紧凑，叶色绿而肥厚，根系完好，无病虫等。嫁接苗：子叶完好、茎基粗、叶色浓绿、下胚轴较短，无病虫害。

各品种间每 667 米^{2}的种植密度略有差异，一般需种子 1 100～1 200 粒。通过加盖 40～60 目的防虫网防蚜虫、白粉虱等。

选用 32 孔穴盘或 10～12 厘米营养钵，在日光温室或连栋温室内的基质或营养土上育苗，放风口加盖防虫网。营养土的配制：在多年未种植蔬菜的田园土中加入充分腐熟的有机肥或育苗专用肥，一般为 7∶3 或 6∶4 混配。肥土要过筛，注意充分混匀有机肥与田园土。底水一定要浇透浇足，防止种子落干。穴盘育苗的，先购买育苗基质，用水浇湿后均匀装满穴盘、填平，用另一个穴盘轻压其上，形成 1 厘米左右深播种穴。浸种催芽，露白后的 1 粒种子平放播于播种穴的正中间，上覆 1 厘米左右厚的基质，覆盖基质至与穴盘相平；如温度较低，可覆盖地膜，保湿提温，但种子拱土时需及时揭开地膜。未盖地膜的每天检查一次基质湿度，勿使其干燥，影响种子发芽生长。育苗期保持温度和湿

度，白天保持 25℃～30℃，夜间保持 18℃～20℃，一般 3～5
天出齐。

出苗后合理通风换气，逐渐降低温度，防止幼苗徒长。白天
温度保持在 20℃～25℃，室内温度降至 20℃时，缩小风口或关
闭风口。控制水分，不发生旱象不浇水。浇水后加强通风，降低
空气湿度。温度和水肥管理"促"、"抑"相结合，防止徒长。苗
期猝倒病可选用 72% 克露可湿性粉剂 1 000 倍液，或 50% 多菌
灵粉剂 500 倍液进行喷洒或灌根。

定植前 3 天要进行低温炼苗；集中防治一次白粉虱、蚜虫。

2. 做好土壤消毒、施肥等工作　一是在夏季炎热期间，选晴
天深翻 25 厘米以上土壤，浇透地后，用塑料薄膜覆盖地面并压
严膜边，进行 10～15 天的太阳照射，对土壤消毒。二是采用石
灰氮 - 太阳能环保型土壤消毒技术。三是采用威百亩日光消毒技
术。四是单独或其后通过多次增施微生物菌肥等方法改良土壤。

施肥整地。肥要施用充分腐熟的马粪或鸡粪。测土施肥，一
般每 667 米² 用基肥在 5 吨以上，采用石灰氮 - 太阳能环保型土
壤消毒技术的除外。

有条件铺设微滴灌带的，每畦铺设 2 条微喷或滴灌带，调试
至出水一致。

晴天上午定植。定植分两种，定植苗缓苗后挖孔放苗和铺
地膜后定植苗。定植苗缓苗后挖孔放苗的，地膜放苗切口方向
为东西方向，放苗口要用刀片或剪刀轻轻划破，杜绝用手撕破。
运苗过程中要尽量不使叶片受伤，特别是要保护好两片子叶。
定植时按大小苗分类，适当带大土坨定植。株行距分大小行和
等行距两种，一般垄高 15～20 厘米，一垄双行，品种栽培密度
有差异，以京葫 36 号为例，一般大行 95 厘米，小行 65 厘米，
株距 75～80 厘米，每 667 米² 定植 1 000～1 100 株，定植采用
三角形法。定植水要浇深、浇透。地温在 12℃以上有利于根毛

的产生。

3.定植后抓好温、湿度管理

（1）**温度管理**　定植后的缓苗期白天温度25℃～30℃，夜间18℃～20℃，可以促进缓苗。缓苗后，晴天白天温度宜为20℃～25℃，夜间12℃～15℃。幼苗5～8片叶、白天温度超过25℃时，要及时通风降温，且夜间保持10℃，促进根系发育，控制地上部徒长。夜间天气寒冷要加盖保温被等。采收至盛果期，室内温度白天22℃～28℃，夜间12℃～14℃。在严冬到来之前，要有意识地降低温度，特别是夜温不能过高，可以降到10℃～12℃或再低一些，使植株能接受低温锻炼。

按温度要求适时地揭盖保温被等调节温度。当日出后，揭开保温被等，使温室内早见光、早升温。日落前盖苫，使第二天日出前室内温度能达到所要求的温度。冬季低温、少日照时，白天尽量保持在23℃～25℃，夜间10℃～12℃，以提高弱光下的净光率。

翌年3月份以后，外界气温逐渐升高，室内温度易升高，在高温条件下，西葫芦易衰老和感染病害，通风量要逐渐加大，白天保持24℃～28℃，夜间12℃～16℃。植株营养生长与生殖生长要平衡，防止结果期温度过高，特别是夜间温度过高，导致植株节间伸长、徒长，从而影响幼果的发育。注意根据天气情况调节室温，使西葫芦逐步适应高温环境，延长生长期，增加产量。当外界夜温稳定在10℃以上时，逐渐加大通风量，晚上可不关闭通风口。

（2）**肥水与湿度管理**　西葫芦喜干燥，耐高湿。定植时浇透定植水，水分可维持到缓苗。一般沿沟浇1次缓苗水，要求水量小，若土壤干燥缺水，则可顺沟再浇1次水，以后就必须严格控水，土壤保持见干见湿状态，防止秧苗徒长，根系上浮。促根控秧，让根向土壤深层发育，以抵抗不良的环境条件，以利于开花结果，提高越冬安全性。当第一根瓜坐住，长到 10 厘米以上时再开始浇水追肥，可施微生物菌剂，如每 667 米^{2}冲施土康元（荧光假单胞菌，有效活菌数 ≥ 5 亿 / 克）5 升，诺普丰水溶肥（氮：磷：钾为 14：14：30）与常用复合肥对半施用等。在基肥、追肥、水分、温度、光照能够满足西葫芦正常生长的基础上，配合施用二氧化碳肥料，才能达到丰产、增产的目的。产品器官形成初期是二氧化碳施肥的最佳时期，以冬季较春季好。一天中二氧化碳的适宜施肥时间，国内外研究认为，上午在较高温度和强光下增施二氧化碳，利于光合作用制造有机物质，一般在晴天日出后 0.5～1 小时进行；停用时间为放风前半小时。每天有 2～3 小时的二氧化碳施用时间，具体为通过二氧化碳发生器等进行。阴天、雨雪天或者气温较低时不需要施用。

严冬季节，减少浇水次数。看天施肥水，一般浇水后能保持 4～6 个晴天，在阴雨天禁止浇水施肥。瓜叶偏大，色淡，卷须自立，生长点突出，表明西葫芦此时不缺水。通常春节以后，当外界温度升高后，就可适当增加浇水次数，追肥、浇水同时进行。可追施硫酸铵、硝酸钾等化肥，每次每 667 米^{2}施 15～20 千克。增施微生物菌剂。水肥的管理要根据植株长势、天气情况、土壤干湿情况而定，掌握好西葫芦生殖生长和营养生长的平衡。尽量保植株健壮，延长结果期。每次追肥时，要先用水把肥料溶化，然后随水施入。浇水的时间要选择在晴天的上午进行。

（3）**光照管理** 采用透光性好的温室薄膜，如 PO 膜等。与温度、水分和肥料等适宜的条件相配合。连续阴天或雨雪天气也要卷起保温被，让西葫芦能见到散射光，以提高西葫芦的耐低温能力。合理密植，吊蔓栽培，同时摘除下面的老黄叶和卷须。光照最弱季节，温室后墙可张挂反光膜，以增加光照。用干净的拖把擦净棚膜。在能保证光照的情况下，尽量早揭晚盖，延长光照时间。为增加光照，吊灯补光。可在棚内安装植物生长调节灯等

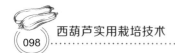
补光设备，每40米^{2}装1盏，保温被覆盖后、揭开前各开灯补光1小时，遇到阴天、雨雪天气也可全天补光。

4.合理吊蔓及去老叶 吊蔓绳和铁丝要保证质量，吊蔓绳选择抗老化的聚乙烯高密度塑料线等，勿因老化或不结实而折断，造成植株损秧毁叶而影响产量。

在种植的每一行西葫芦上面扯一道南北向的铁丝，要求离开棚膜30厘米。铁丝尽量不与拱架连接，以免使棚面变形。铁丝固定效果好。

植株长到8～9片叶时进行吊蔓，可把8片叶以下的侧枝、雄花、雌花全部摘掉，8片叶时开始留第一瓜。

吊法上，吊绳的下端用一活扣固定在植株上，或扣系在叶柄上，或下端拴一小木块插入土中，上端用活扣系在铁丝上并多余出一部分，以便后期落秧时随秧一起下落。绑蔓时要注意不能将线绳缠绕在小瓜上或摆在小瓜前。

吊绳可调节瓜秧的长势，当出现植株徒长而坐瓜困难时，应将生长点向下弯曲；当瓜秧偏弱生长时，可将生长点夹在吊绳缝中让其直立生长。另外，不管瓜秧高矮是否一致，通过吊秧、盘秧等措施，都要使瓜秧的生长点由南到北成为一稍微倾斜的斜线，达到北高南低，相差20厘米左右，以使瓜受光均匀，产量一致。

绑蔓应经常进行，通过铁丝及吊绳的来回摆动，调整植株的株距与行距，做到合理、充分摆布，争取最高产量。当下部空叶蔓达到30～40厘米时，应及时落蔓，按一定的方位盘蔓，使整个植株及叶片均匀分布。

植株在封垄的情况下，叶片易相互遮阴，及时去掉已发黄的老叶、病叶、无效侧枝等。选晴天进行去叶，阴雨天禁止操作，只去叶片，保留叶柄；摘去后加强棚内放风排湿，使伤口尽早愈合，防止主蔓产生软腐病，造成全株死亡。每次去叶数量一般单株 1～3 片叶，以免去太多影响长势和产量。若去叶造成植株病害的，可利用多菌灵、绿亨 1 号等防治。去除的叶片及时清理干净，保持棚室卫生。

5. 做好蘸花或免蘸花处理　免蘸花处理依温度等条件变化，一般用 0.1% 噻苯隆 10 毫升对水 15 升喷洒叶面，前期 10～12 天喷 1 次，盛果期 7 天喷 1 次；低温季节喷洒时间应延长。喷头要和生长点保持在 90 厘米以上，喷雾要均匀，不要重复。蘸花处理：一是利用植物生长调节剂蘸花。一般选择晴天上午 7～10 时在雌花开放时蘸花。二是用毛笔蘸花，一瓜一蘸，第一笔快速轻涂柱头一下，第二笔在幼瓜身上由尾部向瓜把方向轻抹一笔，只涂 1 次，不可重复涂抹；也可直接涂抹雌花柱头。一般温度高时，配制的花粉浓度宜小；植株长势较弱时，配制的花粉浓度宜小；花粉液中最好加入标记色，如红色等，以免再次涂抹。

6. 科学采收　根据当地市场消费习惯及品种特性，及时分批采收。商品瓜最好不要过大、过晚采收，以免瓜坠秧不长，造成以后生长的幼瓜发生黄化和脱落现象。采收时最好戴线手套，轻、慢、转、拧，忌硬拉瓜而拉伤主茎，也不要将瓜表皮与叶片及茎秆摩擦，降低商品性。将嫩瓜用纸包好或直接装入衬垫有塑料膜的纸箱或筐内，装车时筐与筐之间、纸箱与纸箱之间要防止挤压，以免瓜果损伤。及时摘掉根瓜、尖头瓜。

（三）日光温室冬春茬西葫芦生产管理要点

华北地区通常 12 月下旬至翌年 1 月上旬播种，2 月中下旬至 5 月份采收。该栽培模式的特点是采收时间较长，与前茬如芹菜、韭菜等轮作，合理地利用了温室，不仅如此，还避开了冬季温室温度低等因素的不利条件，可获得较好的效益。品种的选择为耐低温、弱光、果皮青绿、棒状，结瓜及膨瓜速度快，连续结瓜性瓜强，抗白粉病、抗病毒性强，产量高，耐运输。

1.苗期管理 选种时应选用种粒大小基本一致，颜色均匀，种子饱满，不染病虫害的种子。

营养钵或穴盘育苗。日光温室中选择光照条件最好的地段，苗床也可采用电热温床育苗。播种前浇透底水。把浸种催芽后的种子平放，播于营养钵或穴盘压成穴的中央。出苗期管理的关键在温度和光照的管理。播种后可在苗床上覆盖1层地膜保温、保湿，拱土后揭开。如温度过低，苗床上加盖塑料小拱棚。当芽子大量拱土及出齐苗时，改为昼夜温差管理。出苗后，秧苗要见光，适当降低夜温，白天多见光继续控制植株徒长。同时，注意加强通风，避免育苗床中温度过高，发生立枯病和猝倒病。浇水要选择晴天的上午进行，避免出现低温沤根的现象。定植前5～7天进行炼苗，白天保持20℃～23℃，夜间保持12℃，短时间8℃炼苗，以提高幼苗的适应性，保证幼苗有足够的抵抗外界环境的能力。定植前2天苗床浇透水。

2.定植管理 每667米^{2}施优质农家肥5 000千克，有条件的可混入饼肥200千克、磷酸二铵30千克、尿素10千克。将地整平耙细后，起垄整地做畦。西葫芦栽种株行距根据品种的株型及栽培习惯安排，一般每667米^{2}定植1 100～1 300株。在晴天上午，选择植株大小一致、生长势强、无病虫害的壮苗，每畦2行，大小行定植。

如果定植时棚内温度较低，可把苗坨定植入穴中并使苗坨稍露出地面，分株浇稳苗水，待水渗下后覆土，使苗坨面与膜面持平，用土封严定植孔。根据天气及苗情，小水浇灌。待缓苗后，再顺沟浇一次水，把垄浸透。

3.定植后管理 前期提高温室内的气温及地温。光照不足时，可通过挂反光幕等增加光照强度。4月份光照强时，去掉反光幕。勿在后墙抹上永久性白石灰粉反光。

蹲苗期控地上部生长，促地下部根系的发育。外界温度过低时，浇水不易过勤。当外界气温稳定在 10℃ ～ 12℃时，合理通风换气，增加光合积累，减少呼吸消耗。结果盛期，外界气温升高，应加大通风量，促进植株和瓜条快速生长。浇水宜在每批瓜大量采收的前 2 天进行，不要在大批瓜采后的 3 天内浇水。根外追肥，补充植株缺乏的营养元素，如可在根外追 0.6% 的三元复合肥。在植株长到 8 ～ 9 片叶时进行吊蔓。利用日光温室上部空间，沿塑料绳向上引蔓，加强植株的通风和透光，注意应经常进行绑蔓，但在植株缠绕过程中，要避免伤害植株。发生侧枝的西葫芦使用吊蔓技术的，应去掉侧枝，保证主蔓的生长势旺盛。集中营养长大瓜，防止果实长得慢，使瓜不正，产量低，采收期延后。最好在晴天中午及时打掉老叶、病叶，减少不必要的养分消耗，提高光照水平。人工授粉，保花保果。

根瓜、畸形瓜应早摘。长势旺盛的植株适当晚采收，疏果时可多留几个瓜，以抑制植株徒长。长势弱的植株，尽量少留瓜，调节瓜的数量，保持养分均衡，促进植株营养生长和生殖生长的平衡。促进茎叶良好生长，确保植株上层幼瓜的发育。采收时轻拿轻放，保护瓜秧，勿遗漏应采收的嫩瓜。

（四）日光温室西葫芦秋延迟生产管理要点

华北地区通常 7 ～ 8 月上旬播种，9 月中下旬至翌年 1 月份采收。该栽培模式的特点是避免了病毒病的危害，提高了西葫芦产品的商品性。

1. 选择适当品种与播种方式 做好温度管理，搞好水肥管理，及时防治中后期两大病害。选择适合当地土壤与气候特点、植株生长旺盛、瓜皮翠绿、抗病毒病、耐热性强、稳产、商品性好的品种。

在播种形式上应根据本地条件，灵活选择。采用育苗方法时，应结合当地的气候条件选择适宜的定植时期后再来推断育苗期。育苗时可用窗纱或尼龙网做成罩子，构建人工隔离屏障，防止蚜虫和白粉虱危害。培育壮苗，苗期防止徒长和防治病毒病应为重点。幼苗出土后应及时揭去苗床上的地膜，干旱时，浇水应在早晨或傍晚进行。采用直播方法的，秋季栽培苗期温度高，如无必要的育苗设施，可采用直播，防治病毒病的发生与蔓延。当齐苗后，宜干湿相间。

日光温室放风口覆盖防虫网，条件许可，在外界气温较高的情况下，遮阳网可与之配套使用。

2. 加强田间管理　高垄地膜栽培，通过膜下浇水方式种植。定植后，前期当室内温度较高时，通风放气。白天要加强通风，降低室内温度，控制植株徒长。随着外界温度的下降，注意加强棚内采光和保温措施，保持夜间有一个比较适宜的温度。当棚内最低温度低于10℃时，夜间覆盖保温被等，早揭、晚盖，尽量保持夜间温度。当外界温度降低较多时，可实行双层覆盖，并按温度指标适时地揭盖草苫。西葫芦进入结瓜期要适当提高棚温，白天保持在24℃～28℃，夜间12℃～14℃，要充分利用晴天，早揭草苫、晚盖草苫，改善棚内光照条件，提高光合效能。

肥水管理，定植后以控肥水促发根为主。浇完缓苗水，以后一般不浇水，而是中耕锄草，进行蹲苗，促根生长。根瓜开始膨大后，浇水追肥。每次采瓜前2天浇一水、隔水追肥，保证植株水肥充足供应。结瓜前期光照条件好，温度适宜，可多次浇水。秧苗长势旺时要迟浇；长势弱，要早浇；温度较高时，浇水的间隔时间短。若墒情不足，应选晴天进行浇水，适量浇水，避免浇水后遇到连阴雨天。阴天不浇晴天浇。进行根外追肥，施肥后注意通风。

植株长到8～9片叶时进行吊蔓，侧枝应及早摘除。西葫芦叶片大、叶柄长，易相互遮光，应将病叶、黄叶、残叶和老叶及早摘除，可促进通风透光和防治病害的传染。

3.及时防治中后期病害　软腐病防治，应做好通风换气、肥水管理，减少植株茎开裂的发生。发病初期，可用72%农用链霉素3 000倍液，或新植霉素进行喷雾防治。

白粉病的防治，可用烟剂防治。发病初期可用45%百菌清烟剂（安全型），每667米²用量110～180克，分放4～5处点燃，闭棚熏一夜，一般7天熏1次，连熏3～4次。或用10%速克灵（腐霉利）烟剂，每667米²用量200～250克，进行熏烟。喷药防治时，发病初期可用10%苯醚甲环唑水分散粒剂2 000～2 500倍液，与40%福星等药剂轮换使用。

灰霉病的防治，主要措施为提高棚内温度，加强通风降湿。根据外界天气变化，搞好防寒保温措施，避免棚温过低。及时清除感病的腐烂花和被害瓜条，摘除病叶、烂叶，带到种植地外集中深埋和销毁。避免棚室内湿度过高。发病初期，用45%百菌清烟剂（安全型），每667米²用110～180克，分放4～5处点燃，闭棚熏一夜，一般7天熏1次，连熏3～4次。或速克灵（腐霉利）10%烟剂，每667米²用量200～250克，进行烟熏。

四、露地西葫芦栽培

露地西葫芦栽培是西葫芦生产中规模较大的生产方式。主要有春露地西葫芦栽培模式、冷凉地区西葫芦栽培模式、秋露地西葫芦栽培模式、南方露地西葫芦栽培模式等，种植方法多样，主要以地膜覆盖栽培为主。

地膜覆盖栽培的特点：充分利用太阳能，减少土壤的长波辐射，提高土壤温度并保留一定量的积温，起到防寒保温的作用。通过保持土壤湿润，使土壤疏松，提高土壤的通透气。地膜覆盖不仅改善了土壤营养条件，使土壤中的好气性微生物活动旺盛，促进土壤有机质的分解，增加土壤速效养分含量，而且促进了根

系的发展，抑制杂草生长，减少农事操作过程中对土地的损害，避免土壤发生板结现象。

（一）春露地西葫芦生产管理要点

1. 选好种植方式　小高畦（高垄）上覆膜种植或小高畦上打孔种植后再覆膜种植。

高畦的具体操作方法之一是：整地施肥后将畦面耙平，碎土整平，使畦面呈中间略高，两侧呈缓坡样的龟背状，要求垄面平滑无土块，畦侧斜向切直。在播种前浇一次透水，待地皮见干后用耙子粉地。一般高畦方式栽培，每畦播种或栽苗 2 行。

高畦的具体操作方法之二是：在做高畦的部位开沟，一般应深耕 20～25 厘米，充分碎土，施入沟肥与土壤充分混合，然后培土封沟使之成高畦。土壤水分不足时，应开沟灌水造墒。按品种的行距分土。畦面及畦侧壁要经踏踩或轻度镇压，畦侧应斜向切起。在高畦上，按要求开两道定植沟或播种沟，分土并整平畦面。然后从高畦的两侧向内开定植沟。如果在畦上播种，开沟应适当浅些。

平畦覆盖。在整地施足基肥的基础上，做一般常规平畦，在播种前浇一次透水，待地皮见干后用耙子粉地，播种后顺畦向覆盖地膜。地膜直接贴盖在畦表，幼芽出土后，及时放苗。或做一般常规平畦，在播种前浇一次透水，待地皮见干后用耙子粉地，播种前顺畦向覆盖地膜，开孔播种。

育苗的，定植的时候，可于覆膜后在膜上打孔栽苗，栽苗后再封严定植孔。

2. 选好品种　选择果皮青绿、棒状、结瓜及膨瓜速度快、抗白粉病、抗病毒性强、前中期产量高、耐运输的品种。

3. 适时播种或育苗定植　育苗栽培，采用 32 孔或 50 孔穴盘基质育苗，或 10～12 厘米营养钵育苗。浸种催芽。播种时如由于温度低而覆盖地膜的，种子拱土时及时揭开地膜；避免温度过高，灼伤幼苗。出齐苗后，随时关注天气变化，合理通风换气。定植前 3～5 天，注意炼苗，防止因外界气温低、风大，使定植后幼苗抗逆性差、缓苗差、成活率差。

浸种催芽后直播的，应安排合理的浸种催芽时间，浸种 4 个小时后，将其放置在 25℃左右的地方催芽。勿使播种时芽子过长。

定植期以当地晚霜过后为宜，夜间最低温度稳定在 10℃以上。确保定植不过早，以免幼苗受到霜冻的危害，过晚则效益下降。品种株行距依不同品种而定，一般每 667 米^{2}种植 1 600 株左右。

定植幼苗的，挖穴后把苗坨埋入穴内，埋土的深度与苗坨深度相同，在栽苗的膜孔及破裂处均需用土盖严，不要产生跑气、散热的情况。一般春季栽培时，可选用 0.007 毫米厚的透明或半透明的超薄聚乙烯地膜。

浸种催芽后播种地膜覆盖栽培的，在种子播种操作过程中，注意不要碰伤芽子。播种后，及时铺设地膜，把两侧及两端埋入土中踩实。出苗时要在每天清晨放苗，并用土将苗子周围的地膜孔封严，不要漏风，最好不要下午放苗，以免夜晚外界温度太低，对幼苗发育产生障碍。如果在气温相对稳定的情况下，可在第一片真叶展开后选留一株生长势强的秧苗，其余的可慢慢地拔除或从根部掐断清除。随时护膜，及时用土压严刮开或破损的地膜。发挥地膜防寒、保温，保持土壤湿润，抑制杂草的作用。

4.加强田间管理　中耕锄草，将垄面划锄疏松，既促进根系向下生长，又减少杂草的危害。如果地膜下杂草产生较多，应对地膜压土，减少杂草危害。西葫芦结瓜前以控秧为主。若天气过分干旱造成植株缺水，可以适当灌水。早春栽培，雌花出现较早，可用免蘸花保果剂噻苯隆、益果灵等配制合理浓度喷洒叶面，促其提早坐花。

采收至盛果期，7～10天施1次肥水。追肥时尽量不要破坏地膜。进入高温多雨季节后，注意看天浇水，如预报近期有雨，严禁浇水，以免之后又下大雨或连阴雨造成田间积水。在栽培管理中，注意不要损伤叶片，尽量延长叶片寿命，提高光合作用能力。

采收最好在早晨进行，以保证品质鲜嫩。采收后把果梗剪平，然后进行选果和分级。一般出售的嫩瓜应该色泽鲜艳，花尚未脱落，瓜的大小和长短一致，没有任何污点和创伤，肉质致密。

5. 及时防治病毒病等危害 及时防治蚜虫。喷药可用2.5%溴氰菊酯乳油2 000～3 000倍液，或10%吡虫啉（大功臣）可湿性粉剂2 000～3 000倍液，或20%啶虫脒乳油2 000～2 500倍液，在蚜虫初发生时喷雾防治，可酌情防治2～3次。

发现病毒病中心株后要及时拔除，放入塑料袋中，并带出田外深埋，切勿随手扔于田埂或渠道中。手摸病毒病病株后应用肥皂洗手，再进行农事操作。

（二）秋露地西葫芦生产管理要点

秋露地西葫芦栽培时，植株生长期正值当地高温多雨季节，栽培条件受限，宜选择抗病、适宜播种的品种。确保植株健康生长，加强病虫害防治，注重前期产量等是获得丰产、优质西葫芦的关键。前期要防西葫芦植株徒长；在植株生长期重点防治蚜虫、白粉虱、红蜘蛛等虫害以及西葫芦病毒病、白粉病等病害，以提高果实的商品性。

1. 选好地块、做好播前准备 选择生态条件良好、远离污染源（避免工业"三废"地区）、前茬未种过瓜类作物、排水良好、地力较强、排灌方便的壤土或沙壤土的地块。7月前茬收获后，对田间的残枝败叶和杂草进行彻底清除，将地深翻25～30厘米，耙细耱平，整地，每 667 米^2 施达到有机肥卫生标准的充分腐熟的有机肥 3 吨左右。

2. 选好抗病品种 选择结瓜速度快、抗逆、抗病性强的西葫芦品种。如曼谷绿二号、天玉、盛润 806、珍玉 35 高抗型等。

3. 选择适宜播种时间、科学播种 7 月中下旬播种，9 月份始收，使西葫芦大部分生长期处于优良环境条件，获得优质、丰产产品，一般可供应到 10 月中下旬。播种前，看地、看天选择浇水。夏季雨水多，勿浇水后赶上下雨，错过最佳播种期。

4. 灵活掌握播种方式与株行距 干籽或浸种后播种。一般株距为 45～60 厘米，行距 70 厘米。由于西葫芦秋露地生产植株生长较为旺盛，品种间播种密度应略有差异，有的品种建议每 667 米^2 播种密度在 700 株左右，有的在 1 500 株左右。

5. 科学播种 铺好地膜，在地膜上按株行距打孔，直接将 1～2 粒干种子放入穴中并盖上湿润细土；或先按照株行距播种，再铺地膜，及时放苗。

6. 加强田间管理 前期以促根、壮秧、防徒长为管理重点，及时中耕除草，促根壮秧。前期用矮壮素等均匀喷洒防止植株徒长时，勿过度喷施，以免植株生长点及叶片药害。植株生长过程中应及时去除侧枝、卷须、老叶、畸形瓜。净化生产环境，保持田间清洁，将疏拔下的病瓜、烂叶、重病株等集中带出种植地，消除和减少侵染性病虫害的传染源，进行无害化处理，创造适宜西葫芦生长发育的环境条件，减轻病虫孳生蔓延。干旱时及时浇小水；雨水较多时，及时排涝。果实坐稳后，根据基肥情况随水每公顷追施 7 500 千克左右腐熟的稀粪水或饼肥液，也可随水追施西葫芦专用肥，追肥 3～4 次。适时人工授粉和摘除第一个根瓜。幼瓜长到 200～400 克时采收，采收时轻拿轻放，避免瓜表面与叶片或叶柄摩擦产生伤口，降低西葫芦商品性。应采收的嫩瓜不要遗漏，以免造成坠秧。

7. 加强病虫害防治 主要防治病毒病及中后期的白粉病，虫害主要防治蚜虫、白粉虱。按照"预防为主，综合防治"的植保方针，适时防治，对症下药。

（1）病毒病防治 病毒病主要表现为花叶型、皱缩型和混合型。一般花叶型主要表现在果实近瓜柄处出现花斑，果皮有黄绿相间的斑驳或瘤状突起，或果实畸形、不结瓜。一般皱缩型主要表现在植株上部叶片先沿叶脉失绿并出现黄绿斑点，植株节间缩短矮化，顶端皱缩，叶片发黄。发病初期，可用 20% 病毒 A 可湿性粉剂 500 倍液，或 1.5% 植病灵乳剂 800～1 000 倍液等喷雾，每 10 天 1 次，连喷 2～3 次。

（2）白粉病防治 一般白粉病先从老叶发病，然后向上部新叶发展，最后蔓延整个植株。发病初期可用 10% 苯醚甲环唑水分散粒剂 2 000～2 500 倍液喷洒叶片，7～14 天喷 1 次，连喷 3～4 次。

（3）蚜虫防治 在蚜虫点、片发生阶段，及时灭杀。蚜虫初发生时，可用 2.5% 溴氰菊酯乳油 2 000～3 000 倍液，或 10% 吡虫啉可湿性粉剂 2 000～3 000 倍液等喷雾防治。

（4）白粉虱防治 合理布局，西葫芦种植地的附近地块避免栽培白粉虱喜食的其他瓜类作物。联防联治，早晨喷雾，提高整体效果。危害初期，用 20% 甲氰菊酯乳油（灭扫利）2 000 倍液，或 10% 扑虱灵可湿性粉剂 1 000～1 500 倍液，或 2.5% 联苯菊酯乳油 3 000 倍液，喷雾防治，连喷 2～3 次。

（5）红蜘蛛防治 可用 2.5% 联苯菊酯乳油 3 000 倍液，或 20% 甲氰菊酯乳油 2 000 倍液，或 50% 苯丁锡可湿性粉剂 1 000～2 000 倍液等，每隔 10 天喷 1 次，连喷 2～3 次，喷雾防治。

（三）冷凉区西葫芦生产管理要点

冷凉地区西葫芦生产主要是利用高海拔地区气候冷凉的优势

补充夏季西葫芦淡季市场的一种栽培模式。华北地区一般5月份播种，6月下旬陆续采瓜上市。该栽培特点是种植区域相对适宜西葫芦生产。然而，有时遍及北方的炎热天气也常常造成生产上病毒病的大量发生，影响了产品产量和商品性。

山西省一般在夏季不太炎热的高寒地区如山西北部一带种植。一般5月中下旬播种，7月中下旬采收开始上市。

1. 选择优种　选择植株生长势强、瓜色翠绿、抗病性强、高产的品种。种植地块应选择在前茬未种过瓜类作物，且灌排良好的肥沃壤土。

直播的，在播种前浇1次透水，待地皮见干后再用耙子粉地，铺地膜。

采用小拱棚育苗的，选好当地播种期。播种时间若过早，易发生冻害；播种若过晚，产品又不能及时上市。

将种子播种在营养钵或穴盘，播后覆上一层厚1～2厘米的湿细土，并盖地膜保墒。在定植前5天以上，降温炼苗。白天温度保持15℃～25℃，夜间6℃～8℃，使其与露地环境相似。

定植起苗前，苗床喷施吡虫啉1次，以防蚜虫、白粉虱。

田间施足基肥，地表覆膜。定植时的双行之间采用三角形插空定植法，增加通风、透光性。定植时，要选择晴天的上午一次性定植。覆土要使土坨与地面持平。

2. 定植后管理　结瓜前管理，从定植到结瓜前20～25天，以控水、促根、发秧、防徒长为主，培育壮苗，为后期丰产打好基础。定植缓苗后，根据幼苗的生长情况，可浇1次催苗水，同时根据基肥情况每667米^{2}随水施人粪尿500千克或硝酸铵10～15千克，以达到促秧的目的，但此水不宜过大。浇完促秧水后要中耕2～3次，以提高地温、促根壮秧。过分干旱时或缺肥时应视情况适当浇水施肥。视植株生长情况，喷50%矮壮素600倍液防止徒长，如果秧上瓜码过多，出现坠秧现象，则要

及时疏去部分幼瓜。

3. 肥水管理 当根瓜坐住长至 10 厘米时，可结合追肥浇 1 次膨瓜水。每 667 米² 追施磷酸二铵或三元复合肥 10～15 千克，根瓜采收后，第二个瓜膨大时结合浇水进行第二次追肥，每 667 米² 追施硫酸钾或三元复合肥 20～25 千克，以后结合采瓜，每采收 2 次追 1 次磷酸二铵或三元复合肥，3～5 天浇 1 次水。

4. 及时采收 采收最好在早晨进行。采收时注意不要损坏瓜秧，不要遗漏应采收的嫩瓜。生长期要注意蚜虫、烟粉虱和美洲斑潜蝇的防治。

五、特色西葫芦栽培

（一）裸仁（薄皮、无壳）种西葫芦栽培

西葫芦裸仁（薄皮、无壳）种简单地说就是种子无硬壳，只有一层薄皮。一般种子表皮色绿，皮薄仁满。西葫芦在我国主要以食嫩瓜为主，但近几年，籽用西葫芦的面积增长较快，其中，裸仁西葫芦在食品及原料加工市场发挥着重要作用。加工只需除尘、去杂、清洗、烘干、打磨、色选、精选等环节，省工。从普通裸仁西葫芦籽到大粒裸仁西葫芦籽我国都有栽植，瓜型从圆形瓜到不同瓜形也均有栽植。

1. 品种选择 在我国，南瓜属的三个主要栽培种在分类上较为混乱，在叫法上，常把笋瓜、南瓜、西葫芦称为南瓜，造成许多生产上的误解。西葫芦裸仁品种的栽培应区别于南瓜裸仁种栽培。在种植的时候，应清楚商家所销售的裸仁品种是西葫芦裸仁品种还是南瓜裸仁品种。

裸仁（薄皮）种西葫芦在栽种时，育苗或者说种子浸种催芽应为关键。

2. 生长条件 应选择地势高燥，排灌方便，土层深厚、疏松、肥沃的地块。种植地区日照充足，气候凉爽。为减轻病害发生，最好实行轮作倒茬。北方适宜栽培季节多在 4 月中下旬至 5 月上中旬。

种子以浸种催芽为宜，可加速出苗，并防止直播出苗慢、易烂种的现象。播种时，芽尖朝下或平放，覆土不宜过厚，厚度 1 厘米左右，以利出苗。

3. 种植管理 根据品种特性选择种植方式和株行距。金苹果 2 号一般单作每 667 米^{2}种植 2 400～2 600 株，间作栽培每 667 米^{2}1 800 株左右。金无壳一般株距 30～40 厘米，穴播每穴 1～2 粒，每 667 米^{2}保苗 1 800～2 200 株。爬蔓的可搭架，也可放大种植株行距等措施。平畦、垄作地膜覆盖种植的，起垄时，畦面要平、直，高度一致。种植过程中，要加强中耕除草。疏松土壤可增加土壤透气性、保持土壤湿度、减少杂草危害。尤其在封垄后，勿使杂草丛生。若雌花开放较早，可错期播种，即确定好品种播种时间后，少部分种子适当早播 5～7 天，或将 10% 左右的种子浸种 2～4 小时，与其他干种子混合均匀后播种，以利其他大部分植株的雌花有一定花粉供应。

蔓生品种要及时压蔓，使蔓引向前方伸长。一般去掉根瓜，选择第二个瓜，每株一个瓜，最多两瓜。把不需要的嫩瓜、侧枝打掉。可在瓜长到后期时摘心，以促进瓜更好生长。

4. 适时采瓜 确保种子成熟，但要注意勿使采种瓜过熟，以免瓜内种子发芽，使种子产量下降，造成不必要的损失。采用老熟瓜采收后，也可后熟十来天，确保种子饱满、成熟，但应避免瓜内种子发芽、瓜腐烂。流水漂洗或机器取种子时，取出种子摊放在干净的竹筛（网）上晒干，忌烈日晒种，以免影响种子发芽。

（二）有皮（大粒）籽用西葫芦栽培

除裸仁籽用西葫芦外，还有一大类有皮的籽用西葫芦种。其中，大粒籽用西葫芦由于其籽粒大，深受市场欢迎，内蒙古、黑龙江、甘肃、新疆的籽用西葫芦产地面积逐渐增大。主要是利用机械或手工将西葫芦籽剥壳，做成果仁、籽仁面包、其他食品辅料。

市场上，大粒籽用西葫芦品种，蔓性品种较多，瓜形以圆形、圆筒形及葫芦形为多，但近几年，随着市场的扩大，矮生品种也逐渐增多。一般 AAA 级籽用西葫芦籽 10 粒横排在 11～12 厘米。

1. 选好品种　一般中粒偏大的品种能获得更好的产品。不同种植省份对籽用西葫芦的生育期有不同要求，如黑龙江省种植的品种，生育期多在 100 天之内，涉及各品种的种子成熟期、种子成熟度及种子采收后的晾晒等事项。在内蒙古种植的品种，生育期较长的品种也可试验种植。

2. 生产条件　生产基地应具备籽用西葫芦生产所必需的条件：交通便利，排灌水方便，地势平整、疏松，土壤肥力均匀，土壤质地良好。要避免重茬、连茬，前茬作物最好为非瓜类作物，可为玉米、小麦、大豆、甜菜等。地膜覆盖栽培。也可与玉米间作。减少粗放型种植，以免出现减产甚至绝产现象。基肥中少施或不施纯氮型肥料，如尿素、硝酸铵等。

3. 种子处理　计划好播种量。播种时间一般多在 4 月中下旬至 5 月上中旬。采用干籽直播或浸种催芽方法播种。大面积播种的多以干籽直播。采用浸种催芽的，即用 50℃～55℃的温水（可用一份冷水加一份沸水对成）烫种 15～20 分钟后，再浸种 4～6 小时。为了减少种子带菌，捞出种子后，可再用 1% 高锰酸钾溶液浸种 15 分钟。种子出水后用清水洗去种皮上的黏液，使种子表面不粘手，以便种子吸水。催芽的方法是用干净的湿毛巾将种子包好，种子将干未干时，把种子装入干净的瓦罐或其他容器中，置于具有适宜催芽温度的地方，如放在恒温箱、火炕或加温温室的大道上等温暖处促其发芽，温度保持在25℃～30℃，每天要翻动2～3次。使种子受温均匀，并利于种子呼吸。种子出芽后就不再翻动。待种子出芽70%～80%时，即可播种。

内蒙古、甘肃、新疆等地应在晚霜过后及时播种。避免晚播种，否则成熟期前遇较大雨水容易造成瓜的腐烂等。

4.栽培管理　根据地力，种植方式可选择两垄或四垄空一垄，也可以选择挨垄种这两种模式。种两垄或四垄空一垄的模式，株距30～35厘米，每667米²保苗2460株以上；挨垄种的模式，株距45～50厘米，每667米²保苗2400株以上。土地肥沃时少保苗，贫瘠时多保苗。根据品种特性不同，种植密度可适当增减，套种时密度酌减。

蔓生品种要及时压蔓，使蔓引向前方伸长。一般去掉根瓜，选择第二个瓜，每株一个瓜，最多两瓜。把不需要的嫩瓜、侧枝打掉。可在瓜长到后期时摘心，促进瓜更好生长。前期以控秧为主，若确实干旱，则小水灌溉。

开花期若昆虫少，可提供蜂源或人工辅助授粉，确保瓜的结籽量。根据当地条件，及早在开花时放蜜蜂。人工辅助授粉，成熟花粉正常气候下表现为：花粉散出，用手在雄花柱头轻轻抹一下，沾有黄花粉。具体操作为：摘下雄花，去掉花瓣，一手拿雄花的花柄，一手轻轻拿住雌花的花瓣，将花粉对准雌花的柱头，轻轻摩擦，使柱头授粉均匀。在阴天、雪天、雨天，花粉不能正常散开时，可延后授粉，但最好在上午10时以前完成，以免坐瓜不成。遇阴雨天，早上10时以前应摘叶盖花，保证坐瓜。在瓜坐稳前，地不旱可少浇水，瓜坐稳后肥水不可缺。当70%以上幼瓜坐住后，追施肥水。

在栽培管理中，注意避免践踏植株茎蔓，不要损伤叶片，尽量延长叶片寿命，提高其光合作用。保持植株正常生长，使采种瓜在叶片正常遮阳条件下生长。在高温时勿使采种瓜暴露在强光下，否则瓜面温度过高，会伤害组织，造成日灼。应用杂草或报纸等盖住采种瓜瓜面，遮挡阳光。

5.采收 当田间80%的瓜老熟时采收。采收后的瓜在向阳干燥处后熟一小段时间；或植株枯秧后，适当在地里面放置一小段时间后熟。但后熟期间一定要勤检查，发现烂瓜要及时清理，以免影响好瓜。在霜冻前掏籽，机械掏籽。打瓜取籽机多种多样，如5TG-300打瓜取籽机采用轮式拖拉机动力输出轴方式，不同规格的清选筛网可适用于不同颗粒瓜籽的收取。

机械或人工掏籽后，一定要当日尽快用清水将籽淘洗干净，即把掏出的西葫芦籽放入水槽中，用笊篱等上下翻动，捞出浮在水面的秕籽或瓜壳等杂物，清理好种子。可制作宽1.5～2厘米、长25米的铺尼龙网的木架，离地搭架，种子在其上平摊晾晒，过一定时间翻动1次，当种子之间不粘连后，移到苫布上阳光下晒干。水分降到8%～9%时，去杂质等，装袋。切忌种子未干而装袋或堆积，以免造成种子发霉变黑，影响质量。生长前期重点防治病毒病、蚜虫，后期重点防治白粉病。

（三）黄皮西葫芦栽培

黄皮西葫芦有不同叫法和类型，如有的称为香蕉西葫芦，也有的称为水果西葫芦；瓜形有直筒形、曲颈形等；瓜皮有光滑形，也有瓜面瘤状凸起类型；有的叶面及叶柄刺较少或极少，便于田间采收。一般来说，黄皮西葫芦的嫩瓜皮色金黄，色泽亮丽，可鲜食、凉拌，又可烹炒，在我国有些地方作为观赏蔬菜种植。

1.选择优良品种 生产种子的选择注重表皮色泽，果皮金黄色或黄色，光滑；最好呈棒状；抗病性要强。我国已引进抗白粉病的黄皮西葫芦品种。金皮西葫芦、高迪等黄皮西葫芦在我国生产上常见。例如京香蕉品种的特征特性为中早熟，植株直立丛生，生长健壮，果实金黄色，光泽度好，外观漂亮，长圆筒形，果长 20～25 厘米，果茎 4～5 厘米，收获期长，产量高，适合各种保护地栽培。

2. **选适宜季节种植**　设施或露地都可选择不同季节种植。但由于黄皮西葫芦易受外界影响，在露地种植时应重点防治病毒病及蚜虫等病虫害危害，更宜种植在冷凉区域。

3. **播种**　冬春或早春设施栽种的，培育壮苗。播前应先行浸种催芽。催芽前用 50℃～55℃ 的温水浸泡种子 15～20 分钟，并不断搅拌，以消灭种子携带的病菌，减少病害。也可用 1% 高锰酸钾浸种 20～30 分钟，或用 1% 磷酸三钠液浸种 15 分钟，以消灭种子上的病毒，预防病毒病。消毒后洗净种子，再浸种 3～4 小时，之后捞出，置于纱布中，放在 25℃～30℃ 的温度中催芽。2～3 天后，种子发芽即可播种。播前先将育苗畦充分浸透。一般将催好芽的种子平放，芽尖向下，直接播在装好土的营养钵内。每钵点种 1 粒，上覆湿润细土 1.5 厘米厚，不可过薄，防止"戴帽"出土，播后覆盖地膜，增温、保墒。

壮苗标准为 2～3 叶 1 心，茎粗壮，节间短，叶色浓绿，未遭受病虫危害。

4. **定植**　定植前 10 天全面扣好棚膜，利用 45% 百菌清烟剂 300 克闭棚熏烟消毒。定植时坐水栽苗，水渗后覆土，尽量不散土坨，保护好根系。一般定植密度，株行距为 45～50 厘米 × 50～60 厘米。双行定植，定植后及时浇定植水。

5. **栽培管理**　加强温光调节和肥水管理。上午 10 时以前人工辅助授粉。不宜留太大，可采 200 克左右的嫩瓜。采收时，切口尽量离主蔓远些。西葫芦采后装入塑料袋、箱筐或礼品盒备售。

6.病虫害防治 棚室栽培的金皮西葫芦易感多种病害,除在栽培上加强管理,促进植株健壮生长,增强抗性外,还必须坚持药剂防治。白粉病可用福星4000倍液加以防治;后期高温季节多发病毒病,可用20%病毒A可湿性粉剂500倍液,或15%植病灵乳剂800倍液喷雾防治。

(四)黑皮(绿皮)西葫芦栽培

黑皮(绿皮)西葫芦类型一直是欧美国家最常见的西葫芦产品。虽在我国有较长的栽种历史,但面积较小。产品肉质较紧,瓜腔较小,食用较优。产品有葫芦形、棒状形等。由于欧美在此选育品种领域极其领先,引进的品种具有抗病毒病、抗白粉病、结瓜性强、生长势强等优势。

黑皮(绿皮)西葫芦栽培方式与白皮、浅绿皮或青皮西葫芦基本一致。

1.长绿西葫芦栽培 华北地区中南部春大棚栽培为2月上中旬育苗,3月上中旬定植;地膜、小拱棚双覆盖栽培为3月中下旬育苗,4月初定植;露地地膜覆盖栽培为3月下旬育苗,4月中旬定植。长绿西葫芦品种植株长势壮,每667米^{2}栽1700株左右为宜,株行距55厘米×70厘米。

2.栽培管理 定植前每667米^{2}施腐熟优质有机肥6000千克,过磷酸钙、三元复合肥各30~40千克作基肥,结果期给予充足的肥水管理。设施栽培需人工辅助授粉或用植物生长调节剂喷花。商品瓜及时采收,预防坠秧。一般单瓜重200~300克时即可采收,这样有利于植株上部坐瓜,达到稳产和高产。秋冬或冬春茬等长季节栽培要适时进行吊蔓管理,充分利用空间,并及时清除下部老叶和病叶,以加强植株的通风透光,减轻病害的发生。

（五）圆形西葫芦栽培

圆形或近圆形西葫芦主要是作为一种特菜推广。品种有杂交一代品种，也有常规种。瓜色以黄、浅绿、深绿为主。我国目前种植的品种主要有：金珠、珍珠、永圆等。现以珍珠西葫芦栽培为例，对其栽培要点进行介绍。

1. **培育壮苗**　把籽粒饱满的种子放入 50℃～55℃ 热水中浸泡 15～20 分钟后，捞出沥干水分，置于小瓷碗内用浸湿的布片盖好、放于 25℃～30℃ 温度下催芽至露白后，装入用营养土配制好的 8 厘米 × 8 厘米营养钵内、浇透水，并把温度保持在 25℃～30℃ 内，苗龄 20 天即可，当幼苗长到 2 片以上子叶时要注意通风炼苗。

2. **定植管理**　每 667 米^{2}保苗 2 000～2 200 株，由于珍珠西葫芦根系发达，所以应深施基肥，每 667 米^{2}施腐熟农家肥 800 千克、磷酸二铵 5 000 千克、生物钾肥 2 500 千克。由于大棚栽培授粉率低，所以需要人工授粉，蘸花后加强棚内通风，并及时松土。坐瓜前切忌浇水。

3. **病虫防治**　主要病害是疫病、白粉病、病毒病，应以防治为主，药剂治疗用 25% 瑞毒霉可湿性粉剂 800 倍液，或 40% 乙膦铝锰锌 200～300 倍液喷施。虫害主要是蚜虫，可用 10% 吡虫啉 300 倍液叶面喷施。

（六）碟形西葫芦栽培

飞碟瓜又称为碟瓜、碟形瓜西葫芦。瓜既可观赏又可食用。飞碟瓜根系发达，茎短缩，蔓性、半蔓性或矮生。真叶近五角掌状，浅至深裂，互生，绿色。雌雄异花同株。瓜色有白色、黄色等。品种有白蝶、绿蝶等。

栽培方式同常见的西葫芦。在早春保护地、春露地等都可栽

培。依种植条件来防治西葫芦病毒病、灰霉病、蚜虫等。

种子浸种催芽。先浇透底水，播种后覆土厚1～1.5厘米。选用地势高燥、排水良好的地块种植，瓜地应深耕细作、起垄栽培，地膜覆盖保温、保湿。

定植最好选晴天上午进行，一般定植密度为1500～2000株/667米^2。定植时顺水栽苗或按穴浇水后覆土，切忌浇水过多。结瓜前控制水分，促进根系发育。一般在开花后5～10天，当瓜径达到8～10厘米，果实厚3.5～5.5厘米，果重100～250克时，采收嫩瓜。由于飞碟瓜雌花开花较为集中，所以要及时采收嫩瓜。

病害重点防治病毒病。喷药防治可用20%病毒A可湿性粉剂500倍液，或1.5%植病灵乳剂800～1000倍液，或抗毒剂1号300倍液喷雾，每10天1次，连防2～3次。

（七）各类观赏西葫芦栽培

玩具西葫芦在我国已有一定栽培时间，类型繁多，示范园等有一定的栽种面积，受到市场一定程度的欢迎。玩具西葫芦作为观赏类型，多蔓生类型，其中扁圆形、圆形、小葫芦形、长弯瓜形较多。颜色有白色、黄色、橘黄色加绿色、白色加绿色等；瓜面平滑、有刺溜。一般在春设施、露地种植。

设施栽培要点：前茬作物收获后，及时将棚内残存的茎蔓、落叶、杂草等清理干净，田外深埋，以减少棚内病虫的数量。浸种催芽保证出全苗。将种子用55℃的温水浸种，边浸边搅拌至室温，消毒后的种子浸泡4小时左右捞出洗净，置于28℃催芽。

播种前浇足底水，湿润至土下10厘米。水渗下后用营养土平整床面。种子70%破嘴时播种，覆盖营养土厚1.5厘米左右。苗期以控水、控肥为主，视栽种条件补充水分。

用尼龙绳吊蔓或用细竹竿插架绑蔓。病叶、老叶、畸形瓜要及时打掉。若雌花太多应及时进行疏花疏果。

需进行人工授粉，授粉应在上午 7～10 时进行，选择当天开放的雄花给当天开放的雌花授粉，每朵雄花可授 2～3 朵雌花。根瓜可去掉。

要通过放风和辅助加温等措施，控制好不同生育时期的适宜温度，避免低温和高温对瓜果的危害。

肥水要充足。做好吊蔓工作或搭架工作。及时消灭蚜虫，防治病毒病。白粉病发病初期，可用 40% 福星乳油 4 000 倍液喷洒。

栽种观赏西葫芦时一定把棚室周边及内部卫生搞好。将残枝败叶和杂草清理干净，集中进行无害化处理，保持田间清洁，以消除和减少侵染性病虫害的传染源。保持植株的健康生长。使西葫芦生长状况的观赏期延长。

老熟瓜采收。采收时用剪刀剪下，轻拿轻放，使瓜面无碰伤。采后将瓜贮于一般室内即可。

（八）搅 瓜 栽 培

搅瓜以采老瓜为主。我国局部地区已形成规模化的生产，上海市崇明岛搅瓜的出口创汇占本岛收入的第一位；在山东的临沂、枣庄等市，搅瓜也是重要的出口创汇蔬菜。一般果实椭圆形，果肉金黄色或黄色，经过几分钟的蒸煮后，可取出瓜丝（丝状纤维），有"天然粉丝"的美誉。我国所种品种主要以地方品种为主，如瀛洲金瓜、面葜瓜、金丝搅瓜等。

栽培方式同常见的西葫芦。露地栽种可选择直播或育苗。为了提早上市，最好选用育苗的方法。选择 3 年以上未种瓜类的地块栽种。根据品种选择株行距，一般短蔓品种为 0.5 米 × 1 米，每 667 米^2 种 1 300 株左右；长蔓品种为 0.5 米 × 1.5 米，每 667 米^2 种 800 株左右。立架栽培，还可适当增加植株密度。

及时排除积水，以减少病害；6月份以后进入结果盛期，要注意保持土壤湿润，天旱要及时灌水，并在畦面盖草保墒。以主蔓结果为主，每株一般只留主蔓和一个侧枝，其余侧枝尽量除去。立架栽植的只留主蔓，侧枝全部去除。当主蔓长2.5米左右时，可进行摘心，以集中养分，利于果实生长。

主要防治病毒病、蚜虫。当瓜皮由白转黄、指甲不易掐进时即可采收，可以分期分批采收，以提高产量。对采下的瓜进行挑选，将无病虫害、无碰伤的老熟瓜放在通风、凉爽、干燥的地方，可贮藏2～3个月；若悬挂在室内通风处可放置至元旦、春节。

六、西葫芦制种

西葫芦制种好坏是西葫芦生产的重要前提，其产量及质量直接影响着西葫芦生产。随着西葫芦制种方式、新制种面积的增加、环境条件的变化，采取有利于西葫芦种子发育和提高结籽率等有效措施，防止中后期西葫芦死秧、烂瓜等影响种子质量的有效方法，将有助于西葫芦采种质量的提高。

（一）西葫芦玉米地制种要点

1. 施好基肥 每667米^{2}施腐熟有机肥4 000～5 000千克、过磷酸钙50～100千克。起小高垄或平畦。

2. 根据当地气候特点确定适宜播种时间 西葫芦种子浸种催芽，5～10厘米窝深处播种，浅覆土，地膜覆盖（或其上再加小拱棚覆盖），行距60厘米、株距25厘米，适当密植；一般7～10日播种西葫芦母本，大行距60～70厘米，小行距40厘米；25～30日后，在两膜间用点播器播种1行玉米。

3. 科学放苗、促根防徒长 对西葫芦薄膜划孔，炼苗2～3

天，壮苗出土后膜口封严。玉米播种后遇雨要破除板结。精细中耕，苗期不旱不浇水。

在植株生长前期，做好防植株徒长准备，可采用喷施矮壮素、多效唑等方法。

4. 及时授粉，两防一护 西葫芦授粉时间为早上5~10时。授完种瓜做标记。西葫芦叶片初染白粉病后，用1%葡萄糖液等进行叶面喷施。高温干旱天气，浇小水降低地温，积极防治蚜虫，防治病毒病。注意避免践踏植株蔓茎，不要损伤叶片。

5. 随掏随洗，适时收获 选晴天上午对西葫芦成熟瓜掏籽，将籽用清水洗净并及时晒干。玉米苞叶发白、籽粒变硬发亮时收获。

注意：制种田之间的安全间隔距离应不小于1000米；加强对地膜的保护。

（二）提高西葫芦制种质量

1. 防治西葫芦白粉病，提高植株抗病能力 白粉病为西葫芦的主要病害，在露地的5~7月份，设施制种的不同阶段尤其应该关注此病，一旦发现，及时防治。西葫芦白粉病病原菌是真菌中的子囊菌亚门白粉菌目单丝壳白粉菌属，在病株残体上越冬。设施栽培中则以菌丝体在寄主植物上越冬，靠气流、水滴等传播侵染。一般白粉病先从老叶发病，由下部叶片的正面或背面长出小圆形白粉状霉斑，逐渐扩大，不久连成一片。然后向上部新叶发展，最后蔓延整个植株。发病后期整个叶片长满白粉，后变成灰白色，最后叶片变黄褐色而干枯。发病温度为16℃~24℃、空气相对湿度以80%~90%最适宜，超过95%则抑制发展。雨后干燥或少雨，但田间湿度大；若设施内时常制种光线不足、通风不良、温度忽高忽低，发病快。

防治方法：一是尽早去除病株老叶、病叶，将病株清除田外或烧毁，一般选晴天去叶，阴雨天禁止操作，只去叶片，保留叶柄，使叶柄伤口自然愈合。二是保护地采种的，去叶后加强通风排湿，有利于伤口尽早愈合。三是防止主蔓受害产生软腐病，造成全株死亡。四是合理通风透光，施肥浇水。防止植株徒长和早衰，使植株生长健壮。五是喷药防治。发病初期可用25%三唑酮可湿性粉剂2 500～3 000倍液，或10%苯醚甲环唑水分散粒剂2 000～2 500倍液，发病初期喷叶片，7～14天喷1次，连喷3～4次。喷药时要注意：喷药宜在晴天上午进行，全株都要喷到，尤其植株叶背不能漏喷。10%苯醚甲环唑、12.5%烯唑醇、40%福星等药剂可以有效控制白粉病的蔓延，为避免植株产生抗药性，3种药剂可轮换使用。但在使用烯唑醇防治时，因为烯唑醇对西葫芦植株具有矮化作用，所以在使用前一定要准确配制药液浓度，不同地区最好先试后用，以防植株产生药害。

2. 防治西葫芦灰霉病，减轻烂瓜危害 灰霉病是西葫芦设施秋冬制种的主要病害，在日常管理中要加强防治。西葫芦灰霉病是由半知菌亚门的葡萄孢属真菌引起的。病菌遗留在土壤中或附着在病残体上，借气流、雨水及田间操作人或物等媒介传播。染病菌多从开败的花部渍入，使花腐败；幼瓜感染后，蒂部初呈水渍状，幼瓜迅速变软，表面密生灰褐色霉层，导致果实萎缩腐烂。若病花、病瓜落在叶片上，则使叶片发病，形成大型的近圆形或不规则性的褐色斑，表面着生少量灰霉。病花、病瓜若附着在蔓茎上，则茎也会腐烂折断。15℃～27℃条件下均能发生，其生长最适温度为22℃，空气相对湿度高于94%，植株生长细弱时发病严重；种植密度过大，光照不足，浇水过多，通风不良，阴雨天较多，也会加重病害发生。

防治方法：一是及时清除感病的腐烂花和被害瓜条，摘除病叶、烂叶，带到种植地外集中深埋和销毁。二是加强通风降湿，注意通风透光，创造有利于西葫芦生长的环境条件。三是看天浇水，适量浇水，避免浇水后遇到连阴雨天，阴天不浇晴天浇。四是秋冬保护地采种最好选用高垄地膜栽培，通过膜下浇水，协调植株营养生长与生殖生长，降低空气湿度。五是合理调整植株。通过吊蔓、去叶等措施，加强植株的通风和透光，调节长势，增加生长空间，合理利用光能，确保植株各个阶段能够发挥其光合作用，严防病害侵入。不需要吊蔓栽培的，当蔓茎伸长爬蔓时，可以进行压蔓处理，减少蔓茎发病的机会。六是当采种瓜成熟时应及时采收，防止因空气湿度高而烂瓜。七是喷药防治，可用50%腐霉利可湿性粉剂1 000～2 000倍液，或用50%异菌脲可湿性粉剂1 500～1 800倍液，或用10%苯醚甲环唑水分散粒剂1 000～1 500倍液，或65%甲霜灵可湿性粉剂1 000倍液，于发病初期喷雾防治。

注意事项：在摘除生有灰色霉层的发病部位时，最好先用一个塑料袋套住发病部位，使发病部位落入袋中，以防病菌传播。药剂可交替使用。

3. **防治西葫芦疫病，减少烂瓜数量** 西葫芦疫病是西葫芦制种的主要病害之一，在日常管理中要及时防治。西葫芦疫病是由真菌侵染所致。病菌以菌丝体等形式随病残体在土壤或粪肥中越冬，借风、雨、浇水等途径传播蔓延。病菌可在土壤中存活5年以上。瓜条发病，初呈暗绿色水渍状的小点，凹陷病斑，整个瓜条很快软腐，潮湿时瓜表面密生灰白色霉状物，发出腥臭气味。疫病适宜发生温度为25℃～30℃，空气相对湿度大于95%、有水滴存在的情况下，易发病。浇水多、地势低洼又易积水、平畦栽培、施用未腐熟的有机肥易于发病。

防治方法：一是对种子消毒。种子可用40%甲醛100倍液浸泡30分钟，捞出洗净。二是加强农业管理。与非瓜类蔬菜实行5年以上轮作；选择地势较高、排水良好的地块采种；合理浇水施肥，防止大水漫灌，注意通风排湿；发现中心病株及时拔除，带出种植地并深埋，并立即喷药控制其传播蔓延。三是利用灌根防治。用25%甲霜灵可湿性粉剂，或72%烯酰吗啉可湿性粉剂配制成药土，撒于瓜根周围进行预防。发病初期可用64%噁霉灵·锰锌可湿性粉剂500～600倍液，或用25%甲霜灵可湿性粉剂800倍液喷施。

注意事项：及早防治。灌根防治可与喷药防治配合使用。

4. 防治西葫芦病毒病，安全制种　西葫芦病毒病是由黄瓜花叶病毒、烟草花叶病毒、西瓜花叶病毒、甜瓜花叶病毒等引起。有时一种病毒单独侵染，有时可能几种病毒复合侵染，传播的途径、方式及症状各不相同。病毒在土壤中的病组织、多年生宿根杂草、种子、保护地蔬菜上越冬，成为翌年初病源。主要传播媒介为蚜虫，也可通过接触传播，如分苗、定植、整枝等都会传播病毒。主要表现为花叶型、皱缩型和混合型，花叶型最为常见。花叶型主要表现为果实近瓜柄处出现花斑，果皮有黄绿相间的斑驳或瘤状突起，果实畸形或不结瓜。皱缩型主要表现为植株上部叶片先沿叶脉失绿，并出现黄绿斑点，节间缩短，矮化，顶端皱缩，叶片发黄，逐渐干枯。未枯死的植株，果实多为畸形。高温、干旱、日照强、缺肥水、地势低洼、管理不善、蚜虫、白粉虱严重，都导致发病重。病毒的致死温度为60℃～62℃。

防治方法：一是增施有机肥料。增施有机肥料可以改善土壤理化性状，提高土壤肥力，从而使西葫芦植株发育健壮，增强抗病毒病能力。有机肥要充分腐熟后施用。二是播种前对种子消毒。用10%磷酸三钠浸泡20分钟，或用0.5%高锰酸钾溶液浸种10～15分钟，水洗后催芽，以钝化病毒，减轻病害发生。三是适时播种。春季制种，在温度等栽培条件确保的情况下，应早栽；在秋冬设施制种中，如不具备遮阳网等苗期覆盖遮阴条件，在确保西葫芦不结瓜太迟而影响制种瓜成熟度的前提下，应适当晚播种，避开蚜虫和高温等发病盛期。另外，可采用棚室内直播的方式减少传毒机会。四是加强田间管理。加强肥水管理；积极防治蚜虫和白粉虱；发现病毒病中心株，要及时拔除，放入塑料袋中，并带出田外深埋，勿随手扔于田埂、渠道中，防止人为传毒，及时防止病毒病危害；手摸病毒病病株后应用肥皂洗手后，再进行农事操作；西葫芦从追促苗肥到雌花现蕾之间，若遇到连续高温干旱天气，要浇小水，以降低地温，防止病毒病的发生。五是喷药防治。可用 20% 病毒 A 可湿性粉剂 500 倍液，或 1.5% 植病灵乳剂 800～1 000 倍液，或抗毒剂 1 号 300 倍液喷雾，每 10 天 1 次，连防 2～3 次。

注意事项：在蚜虫和白粉虱点、片发生阶段，及时消灭。

5.科学操作，保护瓜秧健康生长　根据品种、株型、土壤肥力等确定相应的制种技术。及时去除部分雄花、保证主瓜的生长。施肥方面，前期应控制氮肥用量，合理施肥水。不应过量施肥，引起茎叶徒长。追肥时尽量不要破坏地膜。若因天气过分干旱造成植株缺水，则可以适当灌水、追肥，防止化瓜或瓜膨大不良。进入高温多雨季节，注意看天浇水，如预报近期有雨，严防刚浇过水后又下猛雨或连阴雨，造成田间积水。在栽培管理中，注意避免践踏植株蔓茎，不要损伤叶片，尽量延长叶片寿命，提高其光合作用能力。保持植株正常生长，使制种瓜在叶片正常遮阳条件下生长。在高温时勿使制种瓜暴露在强光下，以免伤害组织，造成日灼。应用杂草或报纸等盖在采种瓜瓜面，遮挡阳光。

七、间套作西葫芦栽培

（一）玉米、西葫芦栽培模式技术要点

玉米套种西葫芦生产主要是从西葫芦采种田套种玉米开始的，后逐渐应用于西葫芦嫩瓜生产，是一种比较高产、高效的栽

培模式。西葫芦6月中旬开始上市，正是蔬菜供应淡季，因而经济效益比较高。同时，这种种植方式也改善了田间的通风透光条件，玉米产量也相应增加。

整地施肥。生产基地应具备西葫芦生产所必需的条件，交通便利，排灌水方便，地势平整、疏松，土壤肥力均匀，土壤质地良好。在冬秋深耕的基础上，春季整地清茬，浅耕20厘米左右。在播前的7～10天，施好基肥，每667米²施腐熟有机肥4 000～5 000千克、过磷酸钙50～100千克（沤制有机肥时加入），均匀地撒施在地表，然后随犁翻入，耕平并浇足底水。

4月中下旬播种西葫芦，顺田埂走向，以110厘米为一带，采用大小行距播种，大行距为70厘米、小行距为40厘米起垄，垄高7～10厘米。起垄后在垄背上窝种2行西葫芦，株距为40～60厘米，三角形法种植。采用深种浅覆土形式，窝深播种后距地面5～10厘米，然后用80厘米宽、0.007毫米厚的地膜覆盖，盖后使种子窝形成小棚，出苗后让瓜苗在窝内生长一段时间，以防出苗后遇晚霜冻死或中午高温时烫苗，一般每667米²种西葫芦2 000株左右。西葫芦播种前，浸种催芽。

玉米播种一般在5月中旬左右，在两膜间点种1行玉米，每667米²留苗3 000～4 000株。

4月下旬至5月上旬，晚霜过后，西葫芦打孔放苗，放苗前2～3天，先将苗上薄膜划一下放风炼苗。放苗时，每穴要选择1株子叶肥大、叶色深绿的壮苗放在膜外，其余的则可不放，然后把膜口用湿土封严。

间苗、放苗以后，结合浇水追1次促苗肥，玉米畦每667米²追施磷酸二铵25千克，西葫芦畦每667米²追施磷酸二铵10千克和氯化钾5千克。

因西葫芦生长在玉米植株下，不易授粉，同时高温也影响西葫芦的坐瓜率，可进行人工辅助授粉。当西葫芦的第一条瓜坐住以后，可结合浇水，每667米²追施尿素15千克。西葫芦从追促苗肥到雌花现蕾之间，若遇连续高温干旱天气，要对其小水勤浇，以降低地温，防止病毒病的发生。坐住瓜后保持西葫芦畦的土壤见干见湿。

6月中上旬，西葫芦开始上市，7月中旬西葫芦采收结束后及时清除瓜蔓，此时玉米正是大喇叭口期，每667米²施碳酸氢铵25千克，并饱浇一次水。西葫芦后期遇雨会引发多种病害，需及时防治。西葫芦收获后拾净残膜、残瓜、残秧。9月中下旬及时对玉米收获、晾晒。

（二）日光温室西葫芦套种苦瓜模式

西葫芦套种苦瓜是利用西葫芦和苦瓜各自的生长特性，以获得较高效益的栽培技术模式。与黄瓜套种苦瓜概念有相似性。越冬生产的，可选择嫁接。嫁接的，要掌握好播种时间，利用靠接法嫁接。

苦瓜要浸种催芽。用60℃左右的热水浸种搅拌后，继续浸种12～15小时，之后用干净的湿毛巾或湿纱布包裹种子，甩甩水，在30℃温度下催芽。在催芽期，每天用温水洗1次，洗去种皮上的黏液，使种子表面不粘手，以便于种子吸水，待80%的种子出芽后即可播种。

高垄栽培。当西葫芦幼苗5叶1心，苦瓜幼苗4叶1心时定植。定植3行西葫芦，再定植1行苦瓜。按大小行栽种，大行距80厘米，小行距40厘米，西葫芦株距50厘米，苦瓜株距35厘米。

西葫芦套种苦瓜前期以西葫芦生产为主，后期以苦瓜生产为主。要掌握好管理要点。

第五章

西葫芦病虫害防治

在良好的农业生态环境下，不施或少施化学肥料和农药等化学产品，按照"预防为主，综合防治"的植保方针，坚持以"农业防治、物理防治、生物防治为主，化学防治为辅"的原则进行西葫芦生产。

第一，农业防治。一是按照无公害、绿色、有机产品的生产要求选择种植产地。在种植过程中，要清洁田园，利用无害化处理措施，减少田间病虫源，控制病虫害的发生。二是要轮作倒茬。与非瓜类作物轮作3年以上。有条件的地区可实行水旱轮作。三是选用抗病、抗逆性品种。明确不同茬口对西葫芦品种的要求，选择适宜种植品种。四是要测土平衡施肥。改良土壤，如施用腐殖酸等，提高土壤肥力。五是采用温汤浸种等对种子消毒和太阳照射下闷棚对土壤消毒等方法，在适当温度条件下杀灭有害病菌。六是嫁接换根，增强西葫芦自身抗病虫、耐低温弱光的能力。七是通过科学的通风换气方法，培育壮苗，平衡植株营养生长和生殖生长。八是通过地膜覆盖，滴灌或暗灌浇水施肥方式，控制空气相对湿度在最佳指标范围；通过深沟高畦等方法，避免露地积水等问题。九是优化西葫芦植株群体结构，提高光照利用效果。

第二，物理防治。利用各种物理因素、人工或器械杀灭害虫的方法。一是设施防护。即设施生产中通风口等处防虫网的利用，以及露地生产中遮阳网等的利用。二是黄板诱杀蚜虫、白粉虱等害虫。规格为25厘米×40厘米的黄板，每667米^{2}需悬挂30～40块。也可用条形（约100厘米×20厘米）黄色纸板涂上机油，挂在田间，高出植株顶部，一般每667米^{2}挂30～40块，纸板上粘满蚜虫时，再涂上一层机油，使用过程中注意黄板黏着性能，通常一般7～10天涂1次。三是银灰膜驱避蚜虫。铺银灰色地膜或张挂银灰色膜条避蚜。四是杀虫灯诱杀害虫。利用频振杀虫灯、黑光灯、高压汞灯、双波灯诱杀害虫。

第三，生物防治。一是通过天敌防治病虫害。用适合天敌生存和繁殖的栽培方式，保持天敌生存的环境，如用丽蚜小蜂防治白粉虱等。二是生物药剂的利用。生物农药主要有微生物农药（如Bt），农抗120、链霉素、新植霉素、瑞毒霉、噁霉灵·锰锌、阿维菌素、苦参素等生物防病。

第四，化学防治。一是使用高效、低毒、低残留化学农药，按照使用浓度合理使用。保护地优先用粉尘法、烟熏法灭杀害虫。干燥晴朗天气也可喷雾防治，注意轮换用药，合理混用。二是禁止使用高毒、剧毒、高残留的农药，如甲胺磷、甲基对硫磷、对硫磷、久效磷、磷胺、甲拌磷、甲基异柳磷、特丁硫磷、甲基硫环磷、治螟磷、内吸磷、克百威、涕灭威、灭线磷、硫环磷、蝇毒磷、地虫硫磷、氯唑磷、苯线磷等农药及其混合配剂。所有使用的农药都必须经过农业部药物检定所登记。严禁使用未取得登记和没有生产许可证的农药，以及无厂名、无药名、无说明书的伪劣农药。

第五，农药的合理施用规范。了解病虫害种类及农药性质，按病虫害发生规律选择适用的农药，在病害发生的关键适期喷洒防治。防治病害最好在发病初期或前期施用。防治害虫应在虫体较小时防治。

严格控制化学农药的用量、浓度和施用次数。各种农药对防治对象的用药量都是经过试验后确定的。因此，在生产中使用时不能随意增减。提高用量不但会造成农药浪费，而且也造成农药残留量增加，易对西葫芦产生药害，导致病虫产生抗性，污染环境；用药量不足时，则不能收到预期防治效果，达不到防治目的。用药前，要先看准农药有效期，把使用说明书标有的该种农药使用的倍数或每 667 米^2 的用药量认准，田间喷施时应遵循此规定。一般农药的使用量有一个幅度范围，在实际应用中，要按下限用量。现在推行的有效低用量即有效低浓度，用这个药量就是要达到防治病虫害的目的。

提倡混合用药。使用农药防治应尽量交替使用不同类型、不同剂型的农药，以免害虫产生抗药性。对一些已产生抗药性的病虫害，不能采用加大使用浓度的方法来防治。应针对性地轮换使用化学农药，或改用复配农药，或使用生物农药、植物农药进行防治。多次采收时要先采收后施药。

选适于不同西葫芦生态环境下的农药剂型。例如，喷粉法功效比喷雾法高，不易受水源限制，但是必须当风力小于 1 米／秒时才可应用；同时，喷粉不耐雨水冲洗，若喷粉后 24 小时内降雨则须补喷。设施西葫芦尽量选用粉尘剂、烟雾剂。防治地下害虫，颗粒剂比可湿性粉剂和水剂效果好，百菌清烟雾剂比一般喷雾用的可湿性粉剂、水剂效果好。

现配现用。施药要求均匀周到，叶子正反面均要着药，尤其防治蚜虫、红蜘蛛时多喷叶背，不能丢行、漏株。保护地施药时，喷药温度应掌握在 20℃左右，在叶片无露水时进行。喷雾量以叶面着药为宜，勿过量而使叶上流液。个别株感病时以涂抹病处为宜。

一、综　合　防　治

西葫芦病虫害发生都有其病原（或虫源），根据病原的不同，可将病害分为两类：非侵染性病害（也称生理性病害）和侵染性病菌害。

（一）非侵染性病害（也称生理性病害）

由非生物因子引起的病害，如温度、光照、湿度、水分、营养和有毒物质等。非侵染性病害不传染。若病症发现早，治疗措施得当，则受害部位往往可以恢复正常。非侵染性病害一是表现在土壤缺素、中毒，缺素症如缺锰症、缺铁症、缺钙症、缺钾症、缺硼症等。缺氮植株矮小，叶色淡绿或黄绿，并逐渐干枯。钙、硼、锰、铁、硫等缺乏时首先表现在幼叶褪绿。二是表现在多盐毒害，即碱害方面：设施栽培土壤盐碱化；过多施用氯化钠、碳酸钠和硫酸钠等易溶的盐类。三是冷害和冻害造成的低温危害，以及高温下造成的光合作用受阻等。四是表现在连续阴天日光温室光照不足，造成植物黄化和徒长。五是表现在干旱和涝害等水分调控方面。六是植物生长调节剂、化学药剂等过量喷施造成的叶片皱缩、生长点变褐色、植株生长缓慢等。七是环境污染对植株造成的不同危害，如在高浓度氨气影响下，叶片发生急性伤害，使叶肉组织崩溃，叶绿素解体，造成脉间点、块状褐黑色伤斑等。

（二）侵染性病害

由其他生物引起的传染病害，如真菌、细菌、病毒、线虫等。一般先在田间出现中心病株，然后向四周逐渐蔓延传播。一旦发病产生症状，虽可以经药剂防治和控制，但患病部位不能恢复原状。侵染性病害发生、发展包括3个基本环节：一是病原物与寄主接触后对寄主进行侵染活动（初侵染病程）。二是初侵染成功后病原物数量得到扩大，并在适当的条件下传播（气流传播、水传播、昆虫传播以及人为传播），进行再侵染，使病害不断扩展。三是寄主组织死亡或进入休眠，病原物随之进入越冬阶段，病害处于休眠状态。到翌年开春时，病原物从其越冬场所经新一轮传播再对寄主植物进行新的侵染。

二、侵染性病害及防治

（一）立 枯 病

真菌引起的病害。病菌以菌丝体或菌核在土壤中或病株残体上越冬，其腐生性较强，一般在土壤中可存活 2～3 年，条件适宜时，菌丝可直接侵入寄主体内危害，并通过水流及田间农事活动等传播。病菌在 12℃～30℃条件下都可生长繁殖，但以 17℃～28℃为最适宜。因此，高温、高湿或气温忽高忽低，有利于立枯病的发生和蔓延。

1. **病症** 刚出土的幼苗及大苗均可发病，尤以幼苗中、后期发病为多。发病时幼茎基部产生椭圆形暗褐色病斑，以后病斑逐渐凹陷，扩大后绕茎一周，最后病部收缩干枯。病株白天萎蔫，晚上恢复，直至死亡仍站立不倒。病部生有不明显的淡褐色蛛丝网状霉。

2. **防治方法** 苗床应选择地势高燥、排水方便、背风向阳、土壤肥沃、疏松无病原菌的田块。播种前苗床应充分翻晒，并施足腐熟有机肥。大力推广应用营养钵或穴盘基质育苗。加强苗床管理，加强通风透光，及时排湿，防止高温、高湿条件出现，注意提高地温以促进根系生长发育。可用 50% 甲基硫菌灵可湿性粉剂 500 倍液等喷药防治。

（二）猝　倒　病

由鞭毛菌亚门的腐霉菌和半知菌亚门的丝核菌、镰刀菌等感染而发病，属真菌病害。病菌随病残体在土壤中越冬。在幼苗刚出土时，遇寒流、低温或阴雨寡照，地温低，土壤湿度大，土壤黏重，播种过密，浇水过多，通风不良都较易发病。在土壤温度10℃～12℃，湿度大的条件时病菌繁殖最快。病菌在土壤里，特别是在富含有机质的土壤里可长期存活；可通过流水、带菌肥料、农具传播。幼苗未出土或刚出土均能发病。在冬春温室大棚育苗过程中发生较多。

1.**病症**　子叶未出土时发病，胚根和子叶腐烂，造成烂种和烂芽；出土幼苗发病时，幼茎基部呈水渍状病斑，以后病斑部变黄褐色，缢缩变细。病害发病很快，有的幼苗子叶尚未萎蔫或幼苗仍保持青绿时，幼苗就已倒伏。湿度大时病部腐烂，寄主病残体表面及附近的土壤上长出一层棉絮状菌丝。这些菌丝体能迅速侵染周围的幼苗，严重时使成片的幼苗发生倒伏。

2.**防治方法**　一是选择地势高、向阳、排灌方便、土质疏松而肥沃、多年未种过瓜类的地块。二是用营养钵育苗。三是播种前要进行种子消毒，为幼苗创造良好的生长环境，增强幼苗的抗菌能力。四是整平床面，合理稀播。苗床底水要浇足，出苗后尽量不浇水。五是保持较高温度，有条件的地方最好采用电热线育苗。六是控制苗床的湿度，加强光照，注意合理通风换气。七是结合药剂防治，发现病苗后，及时拔去病株，撒施少量干土或草木灰降湿。八是发病初期用64%噁霉灵·锰锌可湿性粉剂500～600倍液，或用50%异菌脲可湿性粉剂1200～1500倍液，或用70%甲基硫菌灵可湿性粉剂600～800倍液，或用75%百菌清可湿性粉剂600倍液，每隔5～7天喷1次。保护地内可用5%百菌清粉尘剂进行喷洒灭菌，或用45%百菌清烟剂熏烟灭菌。

（三）白 粉 病

病原菌是真菌中的子囊菌亚门白粉菌目单丝壳白粉菌属，在病株残体上越冬。在保护地则以菌丝体在寄主植物上越冬，靠气流、水滴和喷雾传播侵染。田间最适合温度为20℃～25℃。发病温度为16℃～24℃，空气相对湿度以80%～90%最适宜，超过95%则抑制该病发展。干旱、管理粗放、光照差，保护地内通风透光不良，温度忽高、忽低，都会导致白粉病发病快。

1.**病症** 主要危害西葫芦的叶片、叶柄。一般白粉病先从老叶发病，然后向上部新叶发展，最后蔓延整个植株。先由下部叶片的正面或背面长出小圆形白粉状霉斑，逐渐扩大，不久连成一片。发病后期整个叶片长满白粉，之后变灰白色，最后叶片变黄褐色、干枯。

2.**防治方法** 一是清洁田园，清除残株。尽早去除病株老叶、病叶，将病株清除至田外或烧毁。二是合理通风透光，施肥浇水，加强田间管理。防止植株徒长和早衰，使植株生长健壮。三是生物药剂防治中可用农抗120对水在发病初期喷雾，每隔7天喷1次，连喷2～3次。四是发病初期，可用0.2%小苏打（碳酸氢钠）溶液喷雾，每隔7～9天喷1次。发病初期，保护地可用45%百菌清烟剂（安全型），每667米^{2}用量110～180克，分放4～5处，点燃闭棚熏一夜，一般7天熏1次，连熏3～4次。或10%速克灵（腐霉利）烟剂每667米^{2}用量200～250克，进行熏烟。药剂防治中，发病初期可用25%三唑酮可湿性粉剂2 500～3 000倍液，或62.25%腈菌唑·代森锰锌可湿性粉剂600倍液喷雾防治，或30%特富灵（氟菌唑）可湿性粉剂2 000～2 500倍液，或25%粉锈宁乳油2 000倍液，或10%苯醚甲环唑水分散粒剂2 000～2 500倍液，或40%多硫悬浮剂600倍液，或40%福星4 000倍液等喷洒叶片，7～14天喷1次，连喷3～4次。

注意：喷药宜在晴天上午进行，全株都要喷到，尤其植株叶背面不能漏喷。试验结果表明，10%苯醚甲环唑、12.5%烯唑醇、40%福星等药剂可以有效控制白粉病的蔓延，为避免植株产生抗药性，三种药剂可轮换使用。由于白粉病为西葫芦的主要病害，所以无论是露地还是保护地栽种，都应以选择抗性品种为基础。在露地的5～7月份以及保护地生产的各个阶段都应关注此病，一旦发现，及时防治。

（四）灰　霉　病

该病由半知菌亚门的葡萄孢属真菌引起。病菌遗留在土壤中或附着在病残体上，借气流、雨水及田间操作传播。西葫芦的花、叶、幼瓜都可受害。发病条件：在15℃～27℃均能发生，最适温度为22℃，空气相对湿度高于94%，植株生长细弱发病严重。种植密度过大，光照不足，浇水过多，通风不良，阴雨天较多，可加重病害发生。

1.**症状**　病菌主要危害花和幼瓜，发生再侵染后，也危害叶片和蔓茎。病菌多从开败的花部侵入，使花腐败。幼瓜感染后，蒂部初呈水渍状，幼瓜迅速变软，表面密生灰褐色霉层，导致果实萎缩腐烂。若病花、病瓜落在叶片上，则使叶片发病，形成大型的近圆形或不规则形的褐色斑，表面着生少量灰霉。病花、病瓜若附着在蔓茎上，则茎也会腐烂折断。

2.**防治方法**　主要为清洁田园、加强田间管理、高垄地膜栽培、嫁接、合理调整植株、药剂防治等。

一是前茬收获后，彻底清除病残植株，深翻土壤，减少初侵染源。及时清除感病的腐烂花和被害瓜条，摘除病叶、烂叶，带到种植地外集中深埋和销毁。二是加强室内降湿，注意通风透光，创造有利于西葫芦生长的环境条件。三是根据外界天气变化，搞好防寒保温措施，避免棚温过低。四是看天浇水，避免浇水后遇到连阴雨天，阴天不浇晴天浇。利用膜下浇水，以免棚室内湿度过高。五是利用换根增强植株本身的抗性，达到抵抗外界病菌的能力。六是通过吊蔓、去叶及采收等措施，确保植株各个阶段能够发挥其作用，严防病害侵入。不吊蔓栽培的，当蔓茎伸长爬蔓时，可以进行压蔓处理，减少蔓茎发病的机会。七是发病初期用 45% 百菌清烟剂（安全型），每 667 米^2 用 110～180 克，分放 4～5 处，点燃闭棚熏一夜，一般 7 天熏 1 次，连熏 3～4 次。或腐霉利 10% 烟剂，每 667 米^2 用量为 200～250 克，进行熏烟。喷药防治时，可用 50% 腐霉利可湿性粉剂 1 000～2 000 倍液，或用 50% 异菌脲可湿性粉剂 1 500～1 800 倍液，或用 50% 乙烯菌核利可湿性粉剂 500～1 000 倍液，或用 10% 苯醚甲环唑水分散粒剂 1 000～1 500 倍液，或 70% 甲基硫菌灵可湿性粉剂 800 倍液，或 65% 甲霜灵可湿性粉剂 1 000 倍液，或 50% 福·异菌（灭霉灵）可湿性粉剂 300 倍液，于发病初期喷雾防治。

注意：在摘除生有灰色霉层的发病部位时，最好先用一个塑料袋套住发病部位，使发病部位落入袋中，以防病菌传播。灰霉病是冬季西葫芦栽培的主要病害，在日常管理中要加强防治。

（五）根 腐 病

该病由烟草疫霉菌、瓜果腐霉菌、甜瓜疫霉菌、辣椒疫霉菌、尖孢镰刀菌等引起。西葫芦幼苗、结瓜期发病多。

1. **病症**　根部症状初呈水渍状，随后变为浅褐色湿腐状，后期病部往往变褐，韧皮部腐烂，组织破碎，仅留下维管束。

发病条件和传播途径：病菌以卵孢子或菌丝体在土壤中存活，田间持水量在 75% 以上，气温 25℃～30℃，地温 15℃～18℃，最易发病。土壤中病菌从根部伤口侵入，借灌溉水传播蔓延，进行再侵染。高温、高湿利于发病，连作地、低洼地发病重。

2.防治方法　一是在西葫芦栽种前及生产过程中，应彻底将残枝败叶和田间及四周的杂草清理干净，及时用细耙将前茬遗留在园中的残留农膜碎片剔除。日常田间操作管理中疏拔下的病瓜、烂叶，整枝摘下的枝梢、疏下的小瓜和重病株等，都必须集中带出种植地集中进行无害化处理，禁止把病株、烂叶等扔入沟渠中。二是及时对土壤进行深翻晒垡，保持田间清洁，净化生产环境，创造适宜西葫芦生长发育的环境条件，开展西葫芦安全标准化栽培，以消除和减少侵染性病虫害的传染源，减缓病虫孳生蔓延。三是在整地时多施腐熟的有机肥，适量少施化学肥料。四是进行耕作改制，尽量避免重茬及与瓜类连作，与非瓜类作物轮作 3 年以上。有条件的地区实行水旱轮作。五是科学施肥。测土平衡施肥，增施充分腐熟的有机肥，少施化肥，防止土壤盐渍化；改良土壤，如施用腐殖酸等，提高土壤肥力，增加植株抵抗外界不良条件的能力。六是选用抗病品种，采用工厂化无土育苗及嫁接技术，增强抗病能力，培植无菌壮苗。七是结果期切忌大水漫灌，采取小水勤浇方式。冬季浇水时，要看天浇水，浇水后保持 3～5 个晴天。八是化学药剂防治。严格进行棚内土壤消毒，一般在夏季温度最高、光照较强的时候，利用种植空闲时期，进行石灰氮－太阳能环保型土壤消毒，或威百亩日光土壤消毒等，种植期增施微生物菌肥。结果期间视病情及时进行药剂防治，可选 20% 霜霉威 800 倍液，或 50% 烯酰吗啉可湿性粉剂 2 000 倍液，或 70% 福·甲·硫磺可湿性粉剂 500 倍液，或 72% 甲霜灵锰锌 800 倍液灌根。

（六）蔓　枯　病

该病由半知菌亚门的真菌葡萄壳梭孢引起。病菌在未腐熟的粪肥和病残体内土壤中越冬，也可以附着于种子、棚架等处越冬；借气流、风雨、浇水及农事操作，从伤口、自然孔口侵入。

种子也可带菌，引起发病。气温在 18℃～25℃，空气相对湿度 85% 以上，种植密度较大，偏施氮肥，植株生长衰弱，通风透光不良时，植株易发病。

1. 病症 主要危害茎蔓、叶片等。叶片发病初期症状像炭疽病，但蔓枯的病斑主要发生在叶缘，并不断扩展，病斑近圆形，随后叶片逐渐干枯，病斑表面有小黑点，严重时叶片枯死，或有时自叶缘向内扩展呈"V"形开裂。茎部受害时常发生在茎基部，病斑呈椭圆形或菱形，褐色或灰褐色，后期病斑互相融合，溢出黄色胶质，并密生黑色小点，严重时全株枯死。茎基部横断面不变色，仍为绿色。

2. 防治方法 一是种子消毒。可用 55℃ 温汤或福尔马林浸种。二是与非瓜类蔬菜实行 3 年以上轮作，减轻病害。三是深翻土壤，增施磷、钾肥料，覆盖地膜。四是适时通风，降低湿度。五是发病初期及时去除病叶、病瓜，拔除发病中心株，并带出田间深埋。五是发病初期，用 45% 百菌清烟剂熏蒸 2～3 次。喷药防治时，发病初期可用 25% 嘧菌酯悬浮剂 1500 倍液，或 70% 代森锰锌可湿性粉剂 500～600 倍液，或 50% 多菌灵可湿性粉剂 1000 倍液，或 75% 甲基托布津可湿性粉剂 600～800 倍液，每隔 7 天喷 1 次，连喷 2～3 次。六是涂抹病斑。用等份的抗蚜威、甲基托布津、噁霉灵·锰锌和农用链霉素调成糊状涂抹茎。

注意：喷药要仔细，尤其是茎基部。也可选用 75% 百菌清 50 倍液，或 70% 甲基托布津 50 倍液加适量水调成糊状，用毛笔蘸药涂抹茎病部。

（七）疫　　病

由真菌鞭毛菌亚门甜瓜疫霉侵染引起。病菌以菌丝体等形式随病残体在土壤或粪肥中越冬。借风、雨、浇水等途径传播蔓延。病菌可在土壤中存活 5 年以上。适宜发病条件为温度

25℃～30℃，空气相对湿度大于95%。有水滴存在的情况下，易发病。浇水多、地势低洼又易积水、施用未腐熟的有机肥及连作等易发病。

1. 病症　在苗期至成株期均可发生。苗期发病时，茎基部出现水渍状软腐，多呈暗绿色，病部逐渐萎缩变细，上部叶片萎垂，严重者枯死。成株期的叶片发病，叶面产生暗绿色圆形病斑，边缘不明显。潮湿条件，病斑扩展较快，病斑处易腐烂，并可在病部看到白霉。接触地面的茎，可发生褐色软腐状不规则斑，蔓延迅速，病部绕茎一周后，茎软化缢缩腐烂，湿度大时病斑处还生出稀疏白霉，然后病部以上茎叶逐渐萎蔫。若果实发病，则初呈暗绿色水渍状小点，病斑凹陷，整个瓜条很快软腐，潮湿时，瓜条表面密生灰白色霉状物，发出腥臭气味。

2. 防治方法　一是与非瓜类蔬菜实行5年以上轮作。种子可用40%甲醛100倍液浸泡30分钟，捞出洗净。二是嫁接换根。选择高畦（垄）地膜覆盖栽培。注意通风排湿。植株生长前期和发病初期要控制灌水，中午高温时不要浇水。发现中心病株及时拔除并带出。三是灌根防治。用25%甲霜灵可湿性粉剂，或72%烯酰吗啉可湿性粉剂配制药土撒于根部周围进行预防。在发病初期，可用72%烯酰吗啉可湿性粉剂700倍液，或64%噁霉灵·锰锌可湿性粉剂500～600倍液，或25%甲霜灵可湿性粉剂800倍液喷施。

注意事项：及早防治，灌根防治可与喷药防治配合使用。

（八）霜　霉　病

由真菌古巴假霜霉菌侵染引起。病菌以菌丝体等形式随黄瓜、西葫芦等病残体越冬。借风、雨、浇水等途径传播蔓延。环境高湿、叶面有水滴等存在的情况下，易发病。

1. 病症　在苗期至成株期均可发生。从幼苗期至成株期均可发生，以成株期危害严重，主要危害叶片。发病初期，叶面出现水渍状淡绿色或黄色的小斑点，逐渐扩展，先在植株下部老叶上产生白色霉霜层，后期病斑变为黄褐色，多数病斑常连成一片，全叶发黄枯死。

2. 防治方法 一是与非瓜类蔬菜实行 5 年以上轮作。种子可用 40% 甲醛 100 倍液浸泡 30 分钟，捞出洗净。二是嫁接换根。三是选择高畦（垄）地膜覆盖栽培。四是注意通风排湿。植株生长前期和发病初期要控制灌水，中午高温时不要浇水。五是发现中心病株及时拔除并带出。六是在发病初期，可用粉尘剂或烟雾剂。也可用 50% 烯酰吗啉可湿性粉剂 1 500 倍液，或 72.2% 霜霉威水剂 800 倍液，或 50% 霜脲氰可湿性粉剂 2 000 倍液喷施。

（九）菌 核 病

由子囊菌亚门核盘包属真菌引起，为土传真菌病害。病菌在病残体内或土壤中越冬，借气流传播。菌丝不耐干燥，空气相对湿度 85% 以上易发病。该病菌对温度要求不严，在 0℃～30℃都能生长，以 20℃ 为最适宜，是一种适合低温、高湿条件发生的病害。多雨的早春和晚秋有利于菌核病的发生。菌丝不耐干燥，空气相对湿度在 85% 以上才能生长。其特点是以气传的分生孢子从寄生的花和衰老叶片侵入，以分生孢子和健株接触进行再侵染。清除越冬菌源。

1. 病症 病部初现水渍状斑，扩大后呈湿腐状。发病初期茎上出现水渍状淡绿色小斑点，随着病情的发展，病斑扩大、变褐、腐烂，表面长满白色霉状物，而后在病部表面形成黑色菌核，最后病部以上茎蔓整个枯死。果实感染后，先形成水渍状病斑，最后在病部长出灰黑色菌核。苗期至成株期均可被侵染，病菌主要危害果实和茎。初现水渍状斑，扩大后呈湿腐状。

2. 防治方法 一是采用温汤浸种、药剂拌种，杀死种子上的病菌。二是深翻土壤，覆盖地膜，适时通风，降低湿度。三是发病初期及时去除病叶、病瓜，带出田间深埋。四是每平方米土壤用50%多菌灵粉剂8～10克，与干细土10～15千克拌匀后撒施，消灭菌源。五是在发病初期，用45%百菌清烟剂或10%腐霉利烟剂，每667米^{2}用200～250克，分放4～5处，点燃闭棚熏一夜，一般9～10天熏1次，连熏2～3次。六是喷药防治。发病初期可用40%菌核净1000倍液，或50%多菌灵可湿性粉剂1000倍液，或50%腐霉利可湿性粉剂1000～1500倍液，或50%异菌脲可湿性粉剂1000倍液等，每隔7天喷1次，连喷2～3次。

注意：杀菌剂应交替使用，喷药要仔细，尤其是茎基部及附近地表。

（十）银　叶　病

主要由B型烟粉虱危害引起，它是一种寄主作物多、繁殖率高、暴发性强、危害性大的检疫性害虫，也是我国加入WTO双边或多边协议中的限定性有害生物，为世界自然保护联盟（IULN）公布的世界上具有严重危害性的14种外来入侵昆虫之一。

西葫芦上B型烟粉虱的若虫、成虫刺吸植株汁液，其唾液分泌物对植株有毒害作用，且具内吸传导性，即有虫叶不一定有症状表现，而在以后的新叶上表现出银叶。在秋播露地或秋冬茬保护地前期，粉虱较多的情况下，较易发生银叶病。

1. 病症　被害植株生长势弱，株型偏矮，叶片下垂，生长点叶片皱缩，生长处于半停滞状态，茎部上端节间短缩；茎及幼叶和功能叶叶柄褪绿。发病初期叶脉发白，后期叶正面全部变白，在阳光照耀下闪闪发光，似银镜，故名银叶病。叶背常见有白粉虱成虫或若虫。幼苗3～4片叶为敏感期。幼瓜、瓜码及花器柄部、花萼变白，半成品瓜、采收瓜或畸形，或白化，或乳白色，或白绿相间，丧失商品价值。

2.防治方法　一是选种抗银叶病品种。调节播期，避开烟粉虱虫量高的时段。二是清洁田园。勿与烟粉虱喜食蔬菜种植地紧邻。三是培养无虫苗。定植前温室闷棚熏杀。四是温棚放风口及通风口上安装防虫网，控制外来虫源。五是黄板诱杀成虫。六是烟剂防治。可用联苯菊酯烟雾剂熏烟。七是喷药防治。可用10%吡虫啉2000倍液，或2.5%联苯菊酯1000～1500倍液喷雾防治。

注意：要应用农业、物理、化学防治等综合措施防治害虫。若虫第一次发生高峰至银叶反应症状表现初期喷药。在早晨、傍晚，成虫多潜伏在叶片背面，迁飞能力差，可用昆虫啉类、菊酯类等交替使用，发生严重的地区要统一购药、统一时间、统一方法，集中用药、集中防治。

（十一）软　腐　病

由胡萝卜软腐欧文氏菌胡萝卜软腐亚种引起。主要发生在西葫芦茎基部的细菌性病害。常年连作，前茬病重、土壤存菌多；地势低洼积水，排水不良；栽培过密，通风透光差；植株有伤口；温度波动大，湿度高等都易引发此病。

1.病症　发病初期，病菌从西葫芦茎基部的伤口或表皮侵入，在离地面3～5厘米的茎基部形成不规则的水渍状褪绿斑，逐渐扩大后呈黄褐色，向内发展呈软腐状，或从地下根茎部侵入，沿维管束侵染。在去雄花后形成的伤口处或叶柄伤口处出现水渍状的淡褐色病变，病部向上、下扩展，凹陷软化腐烂，流出白色黏稠液并伴有恶臭，后期随着病变扩展，直至整株萎蔫死亡，组织腐烂呈麻状。

2.防治方法　一是针对当地主要病虫害发生情况，选用高抗品种。二是保持田间清洁，消除和减少侵染性病虫害的传染源。三是施用腐熟有机肥。四是培育壮苗。五是育苗与定植后，做好通风换气、肥水管理，减少植株茎开裂的发生。设施越冬中后期栽培要调节好温、湿度的关系。六是与非瓜类作物轮作 3 年以上。七是在发病初期用 72% 农用链霉素 3 000 倍液，或新植霉素进行喷雾防治。也可涂抹防治，把 3% 中生菌素可湿性粉剂 1 份与 50% 琥胶肥酸铜可湿性粉剂 1 份配成 100～150 倍粥状药液，将其涂抹于发病部位进行防治，或用过氧乙酸 ＋72% 农用链霉素 200 倍液涂抹发病部位及周围防治。

（十二）病　毒　病

是由黄瓜花叶病毒、烟草花叶病毒、西瓜花叶病毒、甜瓜花叶病毒等引起。有时一种病毒单独侵染，有时可能几种病毒复合侵染。传播途径、方式及症状各不相同。病毒在土壤、病组织、多年生宿根杂草、种子上、保护地蔬菜上越冬，即翌年初病原。主要传播媒介为蚜虫。通过接触也可传播，如分苗、定植、整枝等都可传播病毒。多年连作，高温、干旱、日照强，缺肥水，地势低洼，蚜虫、白粉虱严重等都使该病发病严重。病菌致死温度为 60℃～62℃。

1. **病症**　病叶主要表现为花叶型、皱缩型和混合型。花叶型最为常见。花叶型主要表现为叶片出现淡黄色不明显的斑纹，之后呈浓淡不一的小型花叶斑驳，严重时顶叶畸形，叶色加深，有深绿色疱斑。果实近瓜柄处出现花斑，果皮有黄绿相间的斑驳，或瘤状突起，果实畸形或不结瓜。皱缩型主要表现为植株上部叶片先沿叶脉失绿，并出现黄绿斑点，节间缩短、矮化，顶端皱缩，叶片发黄并逐渐干枯。未枯死的植株，果实多为畸形。

2. **防治方法**　一是种子消毒。可用 10% 磷酸三钠浸泡 20 分钟，或用 0.5% 高锰酸钾溶液浸种 10～15 分钟，用清水冲洗后催芽。二是及时将棚内残存的茎蔓、落叶、杂草等清理干净。设施栽种应至少提前 15 天以上完成拉秧，以便留有时间对棚室进行消毒。三是增施腐熟有机肥料，改善土壤理化性状，提高土壤肥力，从而使西葫芦植株发育健壮，增强抗病毒病能力。四是设施通风口上设 30～50 目尼龙纱网。春季栽培温度条件适宜，适当早栽；秋冬西葫芦栽培时，在确保西葫芦不因结瓜期太迟而影响效益的前提下，应适期晚播种。五是合理轮作。六是操作时手和工具用 0.1% 高锰酸钾液消毒。七是积极防治蚜虫和白粉虱。及时拔除病株。发现病株，要及时拔除，并带出种植地销毁。八是喷药防治。可用 20% 病毒 A 可湿性粉剂 500 倍液，或 1.5% 植病灵乳剂 800～1 000 倍液，或抗毒剂 1 号 300 倍液喷雾，每 10 天喷 1 次，连喷 2～3 次。注意在蚜虫和白粉虱点、片发生阶段，及时消灭。

三、虫害及防治

（一）蚜　　虫

1.形态特征　多态昆虫，成虫体长 1.5～2.6 毫米，分为有翅蚜和无翅蚜两种类型。体色因种类不同和季节有所变化。如无翅蚜在夏季多为黄绿色，春秋季为深绿色或蓝黑色。

2.生活习性　蚜虫一年可发生 20～30 代，在每年的 5～6 月和 9～10 月有两个发生高峰期。繁殖的适温为 16℃～22℃。干旱年份，蚜虫发生较为严重。蚜虫以成虫或若虫的形式在棚室内越冬并多代繁殖。周年危害。

3.危害症状　蚜虫以成虫或若虫聚集在西葫芦的叶背、嫩茎和生长点上以刺吸式口器吸食汁液，会分泌蜜露，可致使被害叶片卷缩、褪绿、发黄，瓜苗萎蔫甚至枯死，也可缩短结瓜期，造成减产。特别是作为传毒媒介，可产生多种病毒病，给西葫芦的生产造成严重损害。

4.防治方法　由于蚜虫繁殖和蔓延的速度较快，所以要应用农业、物理、化学、生物等方法来综合防治。如清洁田园，培育无病苗，黄板诱杀、银灰色薄膜驱蚜。用药上一般选用具有触杀、内吸、熏蒸等作用的药剂。

一是通过合理调整植株，有效去除老叶、黄叶，及时去除病叶、病株。二是育苗期通过防虫网等措施，避免蚜虫危害，一旦发现，应及时喷药防治。三是可利用蚜虫的趋黄习性，在田间设置长1米、宽0.1～0.2米的纤维板或硬纸板，先涂一层橙色或黄色油漆，待油漆干后，再涂一层有黏性的、由10号机油加少量黄色凡士林制成的黄色机油，每667米^{2}设32～34块，每7～10天重涂1次机油。四是银灰色薄膜驱蚜。用银灰色薄膜进行地面覆盖；在棚室周围的棚架上与地面平行拉1～2条银灰膜挂条。五是可利用释放瓢虫，及蚜虫的寄生蜂、寄生菌防蚜。六是药剂熏蒸。棚室内初发现蚜虫时，每667米^{2}可用10%杀瓜蚜烟剂300～350克，分放4～5处，暗火点燃后密闭棚室3小时，进行熏蒸。喷药可用40%乐果乳油1 000～2 000倍液，或2.5%溴氰菊酯乳油2 000～3 000倍液，或1.5%苦参碱可湿性粉剂300倍液，或0.3%印棟素乳油，每667米^{2}用量40～60克，或10%吡虫啉（大功臣）可湿性粉剂2 000～3 000倍液，或10%联苯菊酯乳油3 000～4 000倍液，或50%辛硫磷乳油1 000倍液，或用20%啶虫脒乳油2 000～2 500倍液，或用2.5%高效氟氯氰菊酯乳油1 200～1 500倍液，或用10%氯氰菊酯乳油1 200～1 600倍液，或用10%顺式氯氰菊酯乳油4 000～8 000倍液，在蚜虫初发生时，喷雾防治，酌情防治2～3次。

注意事项：用药时，不要长期选用同一种或同一类杀虫剂。在用药的过程中要确保杀虫剂的安全间隔期。药剂熏蒸时要特别注意外界天气条件，最好看天来决定熏蒸时间，以免对植株产生不必要的药害。喷雾时要求细致，喷洒重点是叶背及心叶等处。

（二）白 粉 虱

1. 形态特征　具刺吸式口器，雌虫个体大于雄虫，雌雄均有翅。成虫体长 1～1.5 毫米，淡黄色，有翅，翅面有白色蜡粉，翅端半圆形。成虫停息不动时，双翅在体上合成屋脊状。若虫淡绿色或黄绿色，身体呈椭圆形扁平状。卵长椭圆形，长 0.2～0.25 毫米。

2. 生活习性　生活史要经历成虫、卵、若虫（幼虫）和蛹四个时期。成虫羽化后 1～3 天可交配产卵，平均每个产 142.5 粒。繁殖适温为 18℃～21℃，一年可发生 6～11 代，世代重叠现象严重，北方温室、大棚和露地蔬菜生产衔接或世代交替，使白粉虱周年发生。白粉虱世代多，发育速度快，存活率高，危害严重。该虫有趋黄色、趋嫩性、迁移性强等特点。

3. 危害症状　成虫或若虫主要群集在西葫芦的叶背，以刺吸式口器吸食汁液，造成叶片褪绿、变黄、萎蔫，严重时整株枯死。害虫危害时还可分泌大量蜜露，诱发真菌滋长和繁殖。同时，蜜露堵塞叶片气孔，会影响光合作用，导致植株生长受阻，减少产量。成虫还能传播某些病毒病。

4. 防治方法　一是培育无虫苗。棚室育苗时，应把育苗室和生产室分开，育苗前或定植前要在室内进行彻底消毒，清理杂草和残株，减少中间寄生物。二是防虫网防治。在棚室的通风口及进出门口增设尼龙纱，以防外来虫源进入。在育苗期及露地生产时应搭设网架，覆盖防虫网。将白粉虱阻挡在网外，达到防虫保菜的目的。三是合理布局。棚室内和附近的地块避免栽培白粉虱喜食的其他瓜类作物，避免为其创造良好的生态环境。四是黄板诱杀。利用白粉虱的趋黄习性，可作黄板诱杀，方法参考蚜虫的防治法。五是生物防治。在温室内人工释放寄生蜂、草蛉、寄生菌等天敌防治。在保护地内释放寄生蜂丽蚜小蜂，寄生蜂在不活动的白粉虱幼虫体内产卵，并在其中寄生，被寄生的白粉虱在9～10天后变黑死亡。六是联防联治，种植西葫芦的地块附近避免栽植番茄、黄瓜、茄子等白粉虱喜食的蔬菜。七是喷药防治。危害初期，用20%灭扫利乳油（甲氰菊酯）2 000倍液，或10%扑虱灵可湿性粉剂1 000～1 500倍液，或40%乐果乳油1 000倍液，或2.5%联苯菊酯乳油3 000倍液，或10%吡虫啉（大功臣）可湿性粉剂2 000倍液，或10%联苯菊酯乳油4 000～8 000倍液，或2.5%溴氰菊酯乳油1 500～2 000倍液，喷雾防治，连喷2～3次。

注意事项：该虫害最好联防联治，提高整体灭杀效果。化学防治应连续几次用药，喷雾时以早晨为好，先喷叶片正面，再喷叶片背面，使飞起的白粉虱落到叶表面也能触药而死。

（三）斑　潜　蝇

1.**形态特征**　成虫体长2～2.5毫米，头部为鲜黄色，复眼后缘黑色，翅长1.3～1.7毫米。卵椭圆形。1龄幼虫身体几乎透明，2龄幼虫为黄色至橙黄色。

2.**生活习性**　生活史要经历成虫、幼虫、卵三个时期。成虫以产卵器刺伤叶片，吸食汁液。温度在20℃～30℃适合其生长发育，30℃以上其死亡率增加。在温室的危害重于露地。成虫在上午9～11时、下午2～4时活动较强。已知寄主涉及100多种植物，葫芦科、豆科是主要寄主作物。

3.**危害症状**　雌虫产卵于寄主叶片组织内。幼虫孵化后即在叶片表皮下取食叶肉，叶面形成不规则弯曲的蛇形蛀道。成虫多在刺伤处吸取植物叶片的汁液危害，在叶片上造成近圆形刻点状凹陷，影响叶片的光合作用，使植株生长缓慢，叶片脱落，造成减产。

4.**防治方法**　一是清理田园。在瓜豆、茄类蔬菜收获后，田间残留的黄叶、茎蔓等要铲除深埋或晒干烧掉，以减少虫源。春季采用塑料薄膜覆盖育苗的地方，揭膜后如发现虫源较多，也应进行处理。二是调整作物布局，切忌连作。播种前深翻土壤，降低土壤中蛹的数量。三是加强田间管理。定植前处理定植苗，严防将害虫带入保护地中。结合田间管理，及时清除田间杂草，摘除有虫叶，集中深埋或销毁。四是在害虫蛹期结合浇水，增加土壤湿度，抑制蛹的发育，降低田间虫口数量。五是用细网纱覆盖保护地的通风口和门，阻止成虫飞入保护地内。六是物理防治。在保护地利用美洲斑潜蝇对黄色有强烈趋性的特点，悬挂黄色胶板诱杀成虫，降低保护地内成虫数量。七是生物防治。保护地利用寄生蜂姬小蜂等防治。八是药剂防治。在产卵期或孵化初期，用10%吡虫啉可湿性粉剂1 000～2 000倍液，或75%灭蝇胺可湿性粉剂5 000倍液，或40%绿菜宝乳油2 000～3 000倍液，或48%毒死蜱乳油500～800倍液，或20%氰戊菊酯乳油1 500～2 500倍液等进行喷施。

注意：防虫的最适虫态为低龄幼虫，及早发现，及早用药。施用药剂切忌单一用药，防止害虫抗药性增加。施药时从植株上部喷向下部，从外部喷向内部，叶面正、反面周到喷药，田间土壤表面和杂草也要喷到。以上药剂要交替使用，不要连续使用3次以上，以延缓害虫抗药性的产生。如果发现受害叶片中老虫道多、新虫道少，或虫体多为黑色，则斑潜蝇可能被天敌寄生或已死亡，可考虑不施药。不要随便混用多种农药或随意提高用药浓度，以保证用药的效果和防止害虫产生抗药性。

（四）红　蜘　蛛

1. 形态特征　雌成螨体长0.48～0.55毫米，雄成螨体长0.33～0.36毫米。体形椭圆，体色鲜红色或深红色。卵圆球形、光滑，越冬卵红色。幼螨近圆形，越冬幼螨红色。

2. 生活习性 温度在 25℃～30℃，空气相对湿度为 35%～55%，适合红蜘蛛生长发育。该虫一年可繁殖 10～20 代，分布广泛，食性杂。以雌成虫群集在杂草、作物的枯枝烂叶中越冬，靠爬行或吐丝下垂，借助风雨、农事操作等在田间传播。温度超过 30℃，空气相对湿度超过 70% 不利其繁殖。

3. 危害症状 红蜘蛛是内吸性害虫。以成螨和若螨在叶背面以刺吸式口器吸食叶片汁液，并结成丝网，初期叶面出现零星的褪绿斑点，严重时遍布白色小点，叶面变成灰白色，全株干枯脱落。病症一般从植株下部叶片逐渐向上部蔓延。高温、干燥时虫口增长极快，整株或整块叶可呈火烧状。

4. 防治方法 一是消灭越冬虫源。蔬菜收获后，及早铲除田间残留的黄叶、茎蔓等以减少虫源。二是调整耕作布局，切忌连作。播种前深翻土壤，降低土壤中成螨的数量。三是加强田间管理。栽植前严格检查瓜苗，淘汰虫苗。生长期发现黄白叶，及时摘去销毁。合理浇水施肥，确保植株健壮生长，提高植株自身的抵抗能力。棚室内高温干燥时可适当多浇水，增加湿度。四是喷药防治。危害初期可用 2.5% 联苯菊酯乳油 3 000 倍液，或 40% 乐果乳油 1 000～1 500 倍液，或 2.5% 氯氟氰菊酯乳油 4 000 倍液，或 20% 甲氰菊酯乳油 2 000 倍液，或 50% 苯丁锡可湿性粉剂 1 000～2 000 倍液，或 10% 联苯菊酯乳油 4 000～8 000 倍液等，每隔 10 天喷 1 次，连喷 2～3 次，喷雾防治。

注意：加强虫情测报，治早治好。在虫害点片发生时即进行防治。喷药的重点是植株上部，尤其是叶片背面。药剂要轮换使用。

（五）根 结 线 虫

1. 形态特征 根结线虫雌雄异体。雌成虫白色洋梨形。多埋藏在寄主组织内，大小为0.44～1.59毫米×0.26～0.81毫米。雄成虫无色透明，体细长似蚯蚓状。卵半透明、长圆形，略向一侧弯曲。幼虫雌、雄均为无色透明，2龄虫体长约0.4毫米。

2.**生活习性** 生活史要经历卵、幼虫和成虫三个时期。生存适温20℃～30℃，在土温25℃～30℃、土壤相对湿度40%～70%的条件下，线虫繁殖很快，易在土壤中大量积累。线虫主要分布在20厘米土层中，在土中可存活1～3年。常以2龄幼虫或卵随病残体遗留土壤中越冬。地势高燥、疏松沙壤土适合线虫活动和繁殖。该虫主要靠灌溉水、病苗和土壤传播，不耐高温、低温、淹水、干旱、缺氧、高或低pH值和高渗透压等；具有虫体小、繁殖数量大且快，寄主范围广、趋水性、趋化性、适应能力强等特点。根结线虫是一种高度专化型的杂食性植物病原线虫。

3.**危害症状** 主要危害侧根或须根，根部发病后产生大小不等的瘤状根结，解剖根结可发现病部组织里有很多细小的乳白色根结线虫。苗期病情较轻时地上部无明显症状，早晚气温低时，植株生长正常，在气温较高时植株萎蔫，拔出病株可见到侧根和须根上有串状的瘤状根结。幼苗与成株因根部组织被破坏，根的基本功能受阻，受害重者植株生长缓慢，叶片发黄，植株矮小，发育不良，结瓜小而少，有时导致全田植株死亡。

4.**防治方法** 一是加强田间管理。彻底清理病株根系，将表土翻至25厘米以下的深层，减轻根结线虫危害。多施腐熟有机质肥料，增加土壤微生物，减少线虫。二是无病土育苗。利用营养土，应用营养钵、穴盘育苗。三是轮作倒茬。实行3年以上轮作。可与葱蒜类、辣椒等不易感根结线虫的蔬菜倒茬，降低根结线虫危害。四是土壤处理。通过闷棚或在露地深翻后灌水并覆膜5～7天，使20厘米土层达到50℃的高温，使根结线虫致死。五是生物与化学防治。厚孢轮枝菌微粒剂与适量营养土混匀后施用。可用 40% 威百亩水剂休闲期土壤处理。在西葫芦生长期灌根防治，可用 1.8% 阿维菌素 2 000 倍液，或 40% 辛硫磷乳油 1 000 倍液，或 25% 噻虫嗪水分散粒剂 3 000 倍液灌根，间隔 10～15 天再灌 1 次。

（六）小地老虎

1. 形态特征　幼虫圆筒形，老熟幼虫体长 37～47 毫米。头部黄褐色，具黑褐色不规则网纹，体灰褐至暗褐色，体表粗糙，分布大小不一而彼此分离的颗粒，背线、亚背线及气门线均呈黑褐色，前胸背板暗褐色，黄褐色臀板上具 2 条明显的深褐色纵带。腹部 1～8 节背面各节上均有 2 对毛片，后 2 个比前 2 个大 1 倍以上。胸足与腹足黄褐色。系地下害虫之一。

2. 生活习性　生活史要经历卵、幼虫、蛹、成虫四个时期。多食性害虫。每年可发生 2～7 代不等。该虫 3 龄以后白天潜伏在 2～3 厘米深的表土里，夜间出来活动，咬断幼苗并将断苗拖入穴中，最适宜生长温度 13.2℃～24.8℃。地势低洼，土壤湿度大，易于该虫生存。

3. 危害症状　取食西葫芦茎、嫩叶、生长点等，严重时植株死亡。

4. 防治方法　可选用 2.5% 溴氰菊酯乳油 90～100 毫升，也可选 50% 辛硫磷乳油 500 毫升加水适量，喷拌细土 50 千克配成毒土，每公顷用 300～375 千克，顺垄撒施于幼苗根际附近。

一般虫龄较大时可采用毒饵诱杀。可选用 90% 晶体敌百虫 0.5 千克或 50% 辛硫磷乳油 500 毫升，加水 2.5～5 升，喷在 50 千克碾碎炒香的棉籽饼、豆饼或麦麸上，于傍晚在受害作物田间每隔一定距离撒一小堆，或在根际附近围施，每公顷用 75 千克。

（七）地　　蛆

1. 形态特征　地蛆是花蝇类的幼虫，别名根蛆。其中，种蝇国内分布较广。成虫翅暗黄色，静止时两翅相互叠加，裹在身体背面，超过腹部末端。翅脉全是直的。为地下害虫之一。

2. 生活习性　生活史要经历卵、幼虫、蛹、成虫四个时期。一年发生 2～6 代。白天活动。腐食性昆虫，成虫对未腐熟的粪肥或发酵的饼肥有很强的趋性。成虫活跃易动，常在叶背和根周背阴处。卵多产在植株根部湿润的土表。种蝇以老熟幼虫在被害植物根部化蛹越冬。

3. 危害症状　主要是以幼虫危害播种后的种子和幼茎，使种子发芽受阻，幼茎死亡。成株也易根部受害，伤口易被真菌、细菌侵染，造成根部腐烂，至全株死亡。

4. 防治方法　一是施用充分腐熟的有机肥。二是药剂防治。在定植前用 1.8% 阿维菌素 1 500 倍液，或 75% 灭蝇胺粉剂 5 000 倍液喷施、杀灭棚内成虫。对于已经发生的地蛆，可选用 2% 阿维菌素 5 000 倍液，或 75% 灭蝇胺可湿性粉剂 5 000 倍液，或 50% 辛硫磷乳油 800 倍液，或 80% 敌百虫可溶性粉剂 1 000 倍液等灌根处理。但采收期要谨慎喷药。

（八）棕榈蓟马

1. 形态特征　别名瓜蓟马、棕黄蓟马，属缨翅目蓟马科。蓟马个体微小。雌成虫体长 1～1.1 毫米，雄成虫 0.8～0.9 毫米，黄色。1～2 龄若虫淡黄色，无单眼及翅芽；3 龄若虫淡黄白色，无单眼，有翅蚜；4 龄淡黄白色，单眼 3 个，翅芽伸达腹部的 3/5。

2. 生活习性　卵散产于植株的幼嫩组织如嫩叶及幼果组织中。成虫和 1～2 龄若虫锉吸植株嫩叶、花和幼果的汁液。成虫一般具有强烈的趋光性和嗜蓝色特性。棕榈蓟马有两性生殖和孤雌生殖两种生殖方式。在南方一年发生 20 代以上。发育适温为 15℃～32℃。雌虫寿命较长，每雌产卵约 60 粒。

3.危害症状　苗期害虫一般群集在叶背面危害，受害后的嫩叶表层主脉和叶脉附近可见到银色的取食疮疤，危害严重时连成片，可致使叶片缩小、皱缩，顶叶不能展开，植株生长缓慢，节间缩短，似染病毒病。幼果受害，常形成弯曲、果面凹凸不平的畸形果，生长缓慢，受害的幼瓜表皮粗糙，呈锈褐色疤痕，幼瓜在生长中脱落或降低了成熟瓜的商品性。

4.防治方法　棕榈蓟马具有发育历期短、个体小易隐蔽、对杀虫剂极易产生抗药性等特点，单一的防治措施难以取得理想的控制效果。因此，应采取预防为主、综合治理的原则。棕榈蓟马危害的蔬菜种类较广，如茄子、番茄、辣椒等茄科蔬菜，节瓜、西瓜、甜瓜、黄瓜、西葫芦等瓜类蔬菜，以及豆类、十字花科蔬菜，合理的农业防治可以在总体上有效地降低虫口密度。如在西葫芦育苗时远离前茬受害的蔬菜种植区，清除受害植株的茎蔓以减少虫源。棕榈蓟马对蓝色有很强的趋向性，可在棚内地面上或者植株正上方悬挂蓝板诱杀。

药剂防治：可选用 10% 吡虫啉可湿性粉剂 2 000 倍液，或 1.8% 阿维菌素 2 000～3 000 倍液喷雾，连续防治 2～3 次。施药时喷雾要均匀，喷及嫩梢、叶片背面、地上杂草。

第六章
西葫芦的采收和采后处理

一、采 收 标 准

西葫芦采收的好果率是采收质量的重要指标。生产上西葫芦成熟度的判别一般根据不同种类、品种及其生物学特性、生长情况，以及气候条件、栽培管理等因素综合考虑。同时，还要从调节市场供应、贮藏、运输和加工需要、劳力安排等多方面确定适宜采收期。西葫芦是以瓜成熟后从下往上采收上市的蔬菜，采收时期是否合适直接影响到果实商品品质和价格。

根瓜应适当提早采摘，防止坠秧。西葫芦主要以嫩瓜为商品，一般在幼瓜长到200～400克时即可采收，最好不要超过500克，以确保商品瓜品质，减轻植株负担，促进后期植株生长和果实膨大。从感官上，同一品种或相似品种成熟适度的表现是：色泽正常、瓜形正常，大小基本一致，新鲜，果面清洁；无腐烂、畸形、开裂、异味、灼伤、冷害、冻害、病虫害及机械伤等缺陷。也可根据当地消费习惯确定采收标准。当前期产品商品价格高时，及时采收可获得好的经济效益。

NY/T 1837—2010《西葫芦等级规格》标准中，把西葫芦分为特级、一级和二级。特级为果实大小整齐、均匀、外观一致，瓜肉鲜嫩，种子未完全形成，瓜肉中未出现木质脉经；修整良好；光泽度强；无机械损伤、病虫损伤、冻伤及畸形瓜。一级为果实大小基本整齐、均匀、外观基本一致，瓜肉鲜嫩，种子未完全形成，瓜肉中未出现木质脉经；修整较好；有光泽；无机械损伤、病虫损伤、冻伤及畸形瓜。二级为果实大小基本整齐、均匀、外观相似，瓜肉较鲜嫩，种子完全形成，瓜肉中出现少量木质脉经；修整一般；光泽度较弱；允许有少量机械损伤、病虫损伤、冻伤及畸形瓜。

采收宜在上午进行。尤其在露地采收时，早上采收果实不仅含水量大、光泽度好，而且果实表面温度低、水分蒸发量小，有利于减少上市或长途运输过程中的损耗。

由于嫩瓜瓜皮鲜嫩，易受损伤而影响外观、降低商品价格，所以采收后的嫩瓜最好用纸和薄膜包裹。运输过程防止嫩瓜发热或受冻。贮运应符合蔬菜安全生产关键控制技术规程等标准。

二、贮运保鲜

（一）保　鲜

临时贮存时，西葫芦应放在阴凉、通风、清洁、卫生的条件下，严防烈日暴晒、雨淋、冻害及有毒物质和病虫害的危害。选择瓜条顺直，无腐烂、畸形、开裂、异味、灼伤、冷害、冻害、病虫害及机械伤等，瓜柄长者贮存。西葫芦存放时，应堆码整齐，防止积压造成损伤。堆放前地面先铺一层干草或麦秸，上面堆放西葫芦。西葫芦摆放的方向和生长时的状态相同，可将瓜蒂朝里，瓜顶朝外，依次堆码成圆堆，每堆 15～25 个，高度以5～6个瓜的高度为好。在堆放过程中，要避免瓜柄划伤瓜面。同时，留出通道，以便随时检查。也可装筐堆藏，每筐不宜装得太满，离筐口处应留有一个瓜的距离，以利通风和避免挤压。瓜筐堆放可采用骑马式，以3～4个筐的高度为宜。也可在空屋内，用竹、木或钢筋做成分层的贮藏架，架底垫上草袋，将瓜堆在架子上；或在板条箱中垫一层麦秸作为容器。瓜放入后码成垛进行贮藏。西葫芦中长期贮存时，应按品种、规格分别堆码，要保证有足够的散热间距，保持适宜的温度和湿度。

西葫芦常规贮存一般要求室温达到10℃左右，95%空气相对湿度。有条件的可贮存在通风库内，嫩瓜用软纸、安全适用面广的环保包装袋包装好。

在贮存期间应经常查看，防止冻伤、热伤及鼠害等。根据市场需求及时出售。

（二）运　　输

运输是蔬菜产销过程中的重要环节。在发达国家，蔬菜的流通早已实现了"冷链"流通系统，新鲜蔬菜一直保持在低温状态下运输。我国的蔬菜运输条件还相当落后，低温运输量还相当小，大部分蔬菜还得用普通卡车和货车运输。运输工具要清洁卫生、无污染。运输时，瓜果要严防日晒、雨淋，注意通风。运输时，应保持包装的完整性。注意防止产品的二次污染，包装容器应整洁、干燥、牢固、透气、无污染、无异味、内壁无尖突物、纸箱无受潮离层现象。特别是重复使用的包装容器，应该彻底清洗表面的污垢，并在使用前做消毒处理，防止病害的发生。

如果短距离运输，可将采下的瓜条蘸清水后再排放到垫有软包装物的筐内。如果长距离运输，应采用软塑料网筒套严瓜条后整齐地排放到包装箱内。瓜条也可用软纸包装。包装容器应整洁干燥、牢固透气、无污染、无异味、内壁无坚突物。包装材料要使用国家允许的易降解的材料，符合国家有关食品包装材料 GB 11680、GB 9693、GB 9687、GB/T 6543 等卫生标准的要求。包装应按标准操作，并有记录，在每件包装上注明品名、规格、产地、批号、净含量、包装工号、包装日期、生产单位等，并附有质量合格的标志。

为了防止运输过程中对果实的颠簸、撞击挤压和颠倒，应在货箱内设置支架，以稳固装载。货箱内菜箱不要码得太高，应留出适当的空间，以便通风散热。运输应该做到轻装、轻放，严防机械损伤。汽车运输方便灵活，尽量做到门对门服务，减少装卸次数，减少流通环节，加快流通速度。

以下为有机植物生产中允许使用的投入品（表1）。

表 1　土壤培肥和改良物质

类　别	名称和组分	使用条件
I. 植物和动物来源	植物材料（秸秆、绿肥等）	经过堆制并充分腐熟
	畜禽粪便及其堆肥（包括圈肥）	
	畜禽粪便和植物材料的厌氧发酵产品（沼肥）	
	海草或海草产品	仅直接通过下列途径获得：物理过程，包括脱水、冷冻和研磨；用水或酸或碱溶液提取；发酵
	木料、树皮、锯屑、刨花、木灰、木炭及腐殖酸类物质	来自采伐后未经化学处理的木材，地面覆盖或经过堆制处理
	动物来源的副产品（血粉、肉粉、骨粉、蹄粉、角粉、皮毛、羽毛和毛发粉、鱼粉、牛奶及奶制品等）	未添加禁用物质，经过堆制或发酵处理
	蘑菇培养废料和蚯蚓培养基质	培养基的初始原料限于本附录中的产品，经过堆制处理
	食品工业副产品	经过堆制或发酵处理
	草木灰	作为薪柴燃烧后的产品
	泥炭	不含合成添加剂。不应用于土壤改良；只允许作为盆栽基质使用
	饼粕	未经化学方法加工

续表

类　别	名称和组分	使用条件
II. 矿物来源	磷矿石	天然来源，镉含量小于等于 90 毫克 / 千克
	钾矿粉	天然来源，未通过化学方法浓缩。氯含量少于 60%
	硼砂	
	微量元素	
	镁矿粉	
	硫磺	
	石灰石、石膏和白垩	
	黏土（如珍珠岩、蛭石等）	
	氯化钠	
	石灰	仅用于茶园土壤 pH 调节
	窑灰	未经化学处理、未添加化学合成物质
	碳酸钙镁	天然来源，未经化学处理、未添加化学合成物质
	泻盐类	未经化学处理、未添加化学合成物质
III. 微生物来源	可生物降解的微生物加工副产品，如酿酒和蒸馏酒行业的加工副产品	未添加化学合成物质
	天然存在的微生物提取物	未添加化学合成物质

主要参考文献

［1］李宝聚. 蔬菜病害诊断手记［M］. 北京：中国农业出版社，2014：250-256.

［2］王锁民，王德慧，庄瑞含. 猪粪有机肥加工技术［J］. 农村新技术，2009（4）：73-74.

［3］王夫同. 温室西葫芦有机生态型无土栽培技术措施［J］. 农村实用工程技术，2000（8）：10-11.

［4］姜立纲，李海真，张帆，等. 大棚西葫芦亲本扩繁中蜜蜂授粉技术的应用［J］. 中国蔬菜，2012（1）：39-40.

三农编辑部新书推荐

书　名	定　价
西葫芦实用栽培技术	16.00
萝卜实用栽培技术	16.00
杏实用栽培技术	15.00
葡萄实用栽培技术	19.00
梨实用栽培技术	21.00
特种昆虫养殖实用技术	29.00
水蛭养殖实用技术	15.00
特禽养殖实用技术	36.00
牛蛙养殖实用技术	15.00
泥鳅养殖实用技术	19.00
设施蔬菜高效栽培与安全施肥	32.00
设施果树高效栽培与安全施肥	29.00
特色经济作物栽培与加工	26.00
砂糖橘实用栽培技术	28.00
黄瓜实用栽培技术	15.00
西瓜实用栽培技术	18.00
怎样当好猪场场长	26.00
林下养蜂技术	25.00
獭兔科学养殖技术	22.00
怎样当好猪场饲养员	18.00
毛兔科学养殖技术	24.00
肉兔科学养殖技术	26.00
羔羊育肥技术	16.00

三农编辑部即将出版的新书

序　号	书　名
1	提高肉鸡养殖效益关键技术
2	提高母猪繁殖率实用技术
3	种草养肉牛实用技术问答
4	怎样当好猪场兽医
5	肉羊养殖创业致富指导
6	肉鸽养殖致富指导
7	果园林地生态养鹅关键技术
8	鸡鸭鹅病中西医防治实用技术
9	毛皮动物疾病防治实用技术
10	天麻实用栽培技术
11	甘草实用栽培技术
12	金银花实用栽培技术
13	黄芪实用栽培技术
14	番茄栽培新技术
15	甜瓜栽培新技术
16	魔芋栽培与加工利用
17	香菇优质生产技术
18	茄子栽培新技术
19	蔬菜栽培关键技术与经验
20	李高产栽培技术
21	枸杞优质丰产栽培
22	草菇优质生产技术
23	山楂优质栽培技术
24	板栗高产栽培技术
25	猕猴桃丰产栽培新技术
26	食用菌菌种生产技术